Katia Alejandra Aguilar Mejía
Fabiola Méndez-Arriaga

GENERACIÓN TEORICA DE H_2 MEDIANTE ENERGIA SOLAR TERMOQUÍMICA

Katia Alejandra Aguilar Mejía
Fabiola Méndez-Arriaga

GENERACIÓN TEORICA DE H$_2$ MEDIANTE ENERGIA SOLAR TERMOQUÍMICA

Oxido de Cerio y Oxido de Manganeso

Editorial Académica Española

Imprint

Any brand names and product names mentioned in this book are subject to trademark, brand or patent protection and are trademarks or registered trademarks of their respective holders. The use of brand names, product names, common names, trade names, product descriptions etc. even without a particular marking in this work is in no way to be construed to mean that such names may be regarded as unrestricted in respect of trademark and brand protection legislation and could thus be used by anyone.

Cover image: Que ha proveído el autor

Publisher:
Editorial Académica Española
is a trademark of
Dodo Books Indian Ocean Ltd. and OmniScriptum S.R.L publishing group

120 High Road, East Finchley, London, N2 9ED, United Kingdom
Str. Armeneasca 28/1, office 1, Chisinau MD-2012, Republic of Moldova, Europe
Managing Directors: Ieva Konstantinova, Victoria Ursu
info@omniscriptum.com

Printed at: see last page
ISBN: 978-613-9-43279-0

Katia Alejandra Aguilar Mejía es Maestra en Ingeniería de la Universidad Nacional Autónoma de México, UNAM, con amplia experiencia en proyectos de hidrógeno verde, biometano y aplicaciones de *Power-to-X*, ha trabajado con instituciones internacionales como la *Deutsche Gesellschaft für Internationale Zusammenarbeit* GmbH y la Cámara Mexicano-Alemana de Comercio e Industria, además de colaborar con diversas asociaciones en México.

Fabiola Méndez-Arriaga, Doctora por la Universitat de Barcelona, España e Investigadora Nacional de la Secretaría de Ciencia, Humanidades, Tecnología e Innovación, SECIHTI, en México. Cuenta con amplia experiencia en tópicos de Ingeniería Química del Medio Ambiente, Energías Renovables y en la perspectiva *One Health* con énfasis en Resistencia Antimicrobiana.

Tabla de contenido

Índice de Tablas

Índice de Figuras

Resumen

Hoy en día, el proceso principal para la producción de H_2 a nivel mundial es el reformado de gas natural con vapor. Sin embargo, existen otros procesos como lo son la oxidación parcial del petróleo, la gasificación del carbón y la electrólisis del agua, los cuales también destacan como procesos habituales en la producción de H_2. En vista de las desventajas ambientales y económicas de estas técnicas tradicionales, el uso del recurso solar para la producción de hidrogeno (H_2) es una de las mejores alternativas para solucionar las problemáticas ambientales. Específicamente, el método termoquímico solar, en el que se produce H_2 y O_2, sigue representando una alternativa sustentable atractiva para alcanzar una eficiencia competitiva mediante el uso de la energía solar concentrada.

De la amplia gama existente de ciclos termoquímicos existentes, se encuentran particularmente los ciclos de óxido de manganeso y de cerio, los cuales se han caracterizado por ser de los más prometedores, siendo validados teórica y experimentalmente a nivel laboratorio con miras a una producción de H_2 a nivel industrial. Con respecto al óxido de cerio, su inconveniente son las elevadas temperaturas necesarias para llevar a cabo la reacción de disociación del agua, por lo que la optimización de la reacción de reducción del óxido de cerio a temperaturas iguales o menores a 1500 °C, resulta crítico para su aplicación. Por otro lado, con el óxido de manganeso se lleva a cabo un ciclo termoquímico de múltiples etapas que permite trabajar a temperaturas más bajas, aproximadamente debajo de los 1450 °C.

En este trabajo se analiza la generación de H_2 de ambos ciclos en un horno solar de alto flujo radiativo con una proyección a nivel a gran escala y, posteriormente, se analiza los pros y contras de los sistemas de ambos ciclos y evaluar su viabilidad para promover el uso de esta tecnología solar con el método termoquímico para la producción de H_2.

1. Introducción

1.1.   Panorama energético actual

El sistema energético actual se encuentra en una situación crítica. El ritmo de crecimiento anual de la población, aunado al incremento de la capacidad per cápita de consumo de cada individuo, provoca un aumento exponencial de las necesidades de energía. Hoy en día, los combustibles fósiles comprenden cerca del 80% de la demanda de energía primaria a nivel mundial (Banco Mundial, 2021). El gas natural y carbón son por mucho los combustibles más utilizados para la producción de electricidad; y los derivados del petróleo, además de que siguen siendo imprescindibles para el transporte de bienes y personas, proporcionan materias primas para producir fertilizantes, plásticos, impermeabilizantes, telas sintéticas, medicinas y muchos otros productos de la vida cotidiana. Por lo tanto, la economía global sigue siendo totalmente dependiente de la disponibilidad del petróleo, carbón y gas. Sin embargo, este sistema energético es la fuente de aproximadamente dos tercios de las emisiones globales de CO_2 (ONU, 2021), las cuales tienen importantes efectos (globalmente negativos) sobre el bienestar humano, en la parte económica y ambiental. Asimismo, la inestabilidad geopolítica de los principales productores de crudo y gas natural, y el agotamiento de los combustibles fósiles son factores que contribuyen a la falta de seguridad en el abastecimiento energético, así como en precios elevados y volátiles.

México es un país dependiente de los combustibles fósiles, cuya producción y oferta energéticas siguen estando cubiertas mayoritariamente por el gas y el petróleo. Recientes balances energéticos de la Secretaría de Energía (SENER) reportan que el carbón aportó 2.83%, y los hidrocarburos 84.06% de la producción de energía primaria en 2019, en la cual el petróleo representó 56.32%, el gas natural 25.67 % y condensados 2.08%.

Con respecto a la producción petrolera de México, en 2004 alcanzó su pico máximo, cuando el gran campo de Cantarell (Akal) producía 2,038 Mbd (millones de barriles diarios), equivalente al 60% de la producción total de petróleo en ese año. Actualmente, los 10 campos mayores producen aproximadamente 1,000 Mbd promedio (60% de la producción nacional de crudo y la mitad de lo que producía Cantarell en su máximo apogeo).

Por otro lado, el número de campos descubiertos en México para la extracción de petróleo refleja un pico de los descubrimientos (en volumen) en la década de los 70s, es decir, en el descubrimiento del campo Cantarell y otros campos en Campeche. Desde entonces el volumen de los yacimientos ha ido en decadencia, razón por la que México en 1980 pasó del quinto lugar en reservas petroleras del mundo al trigésimo lugar en el año 2020 (Ferrari, 2021).

En el caso del gas natural, el pico de producción fue en 2009, también en consecuencia del declive de los campos Las Cuencas del Sureste, debido a que la mayor parte del gas es de tipo asociado y viene de los mismos yacimientos petroleros de la Sonda de Campeche (Ferrari, 2021).

La mejor parte de la historia petrolera de México (que utilizó gran parte para su infraestructura y bienestar en áreas diversas) contrasta con la situación actual en decadencia del petróleo con campos cada vez más pequeños y profundos, lo cual aumenta evidentemente los costos de producción para su extracción. La era del petróleo barato ha concluido. Esto último se refleja en el costo de inversión para la producción de petróleo. Se estima que el costo de producción del petróleo mexicano se ha quintuplicado en 20 años (Ferrari, 2021). En consecuencia, el rendimiento de la inversión ha disminuido 10 veces desde el 2000, ya que por cada Mdp (millón de pesos mexicanos) invertido se producían 66 barriles diarios, mientras que en el 2020 se producían sólo 6 barriles diarios.

En la cuestión medioambiental, de acuerdo con las Naciones Unidas, las emisiones mundiales de CO_2 (dióxido de carbono) por combustibles fósiles aumentaron 62% entre 1990 y 2019 con un incremento en la concentración desde el nivel preindustrial de 280 ppm hasta un valor actual de 410.5 ppm (OMM , 2020). Del total de las emisiones contaminantes que genera México, 64% corresponden al consumo de combustibles fósiles, de acuerdo con el Inventario Nacional de Emisiones de Gases y Compuestos de Efecto Invernadero 2015 (Greenpeace México , 2021).

La contaminación por consumo de combustibles fósiles nos afecta de muchas formas, la primera de ellas es a través de la calidad del aire. La Secretaría de Medio Ambiente y Recursos Naturales (Semarnat) ha documentado que las afectaciones a la salud asociadas a la contaminación del aire incrementan el ausentismo en el trabajo y las incapacidades laborales, además del gasto en medicinas y consultas médicas de las familias. Los costos sumados de estos impactos alcanzan anualmente los 577 mil 698 millones de pesos, una suma equivalente al 3.2% del Producto Interno Bruto (Greenpeace México , 2021).

Con base en toda la problemática anterior, las fuentes alternativas de energía como la solar, la hidráulica, la eólica, la geotérmica y la biomasa han tenido relevancia debido a que obtienen la energía por medio de fuentes naturales e inagotables, por lo que se le conocen como energías renovables. Su implementación reduce las emisiones de gases de efecto invernadero y, con ello, la contaminación al medio ambiente, por ello se denominan energías limpias. Asimismo, cabe señalar que los recursos renovables existen en cantidades cuantiosas. Por ejemplo, en teoría, la cantidad de energía solar que llega a la superficie de la Tierra en una hora podría suplir las necesidades energéticas mundiales durante todo un año (Dincer & Joshi, 2013). Pese a que este tipo de energías presentan una gran dependencia climatológica y, por tanto, una alta variabilidad, se considera al hidrógeno (H_2) un elemento clave en el despliegue masivo de las energías renovables, puesto que puede compensar la intermitencia de estas al actuar como portador energético transportable y almacenable por medio de baterías. Por esta razón, el H_2 se ha convertido en la alternativa más atractiva hacía un modelo energético sostenible.

1.2. H_2 como vector energético

El hidrógeno es el primer elemento químico de la tabla periódica de número atómico 1. Naturalmente existe como una molécula diatómica, es decir, por dos átomos de hidrógeno, es por ello que, normalmente, se exprese como H_2. En la Tierra es muy abundante, constituye aproximadamente el 75% de la materia en el mundo, combinado con otros componentes orgánicos e inorgánicos para formar, por ejemplo, agua e hidrocarburos; sin embargo, no es frecuente encontrarlo presente en su estado molecular o puro. Para ello es necesario hacer uso de otras fuentes de energía, razón por la cual no es considerado como una fuente energética sino como un vector energético. Es un gas no tóxico, incoloro, inodoro e insípido de alta reactividad. Como se observa en la Tabla 1, el H_2 es muy ligero debido a que su densidad en estado gaseoso es aproximadamente 14 veces menor a la del aire. También es altamente difusivo, por lo que con facilidad puede dispersarse a la atmósfera rápidamente y escapar por espacios muy reducidos. Por otro lado, el hidrógeno posee la mayor densidad energética gravimétrica (120.1 MJ/kg); siendo incluso 3 veces mayor que la de los hidrocarburos líquidos, como la gasolina o el diésel (AeH2, 2021).

Tabla 1. *Propiedades del H_2*

Elemento	Cantidad
Densidad	0.0899 kg/m^3 (gas) 70.79 kg/ m^3 (líquido)
Poder calorífico inferior	120 MJ/kg
Poder calorífico superior	141.86 MJ/kg
Capacidad calorífica específica	C_p=14,199 kJ/(kg·K) C_v=10,074 kJ(kg·K)
Coeficiente de difusión	0.61cm^2/s

Actualmente en el mundo, el H_2 se produce a partir del gas natural (48%), petróleo (30%), carbón (18%) y la electrólisis (4%) (Campana Prada, 2021). En México, el 96% de H_2 producido es mediante el reformado de gas natural con vapor, a ello le sigue la electrólisis con un porcentaje menor al 4% y lo que resta proviene de la industria cloro álcali (González Huerta, 2021).

1.2.1. Aplicaciones de uso final del H_2

Los primeros usos del H_2 fueron principalmente en la aviación como combustible en la década de los años veinte y treinta, pero también era empleado como energético secundario para los dirigibles. En los años 40 del siglo XX, en Alemania y en Inglaterra el H_2 funcionaba como combustible experimental para automóviles, camiones, locomotoras y hasta submarinos. El valor como combustible a partir del H_2 prácticamente fue ignorado hasta años después de la segunda guerra mundial. En ese tiempo, el H_2 se empezó a utilizar como materia prima química, básicamente para la fabricación de productos como fertilizantes y para la hidrogeneración de aceites orgánicos comestibles derivados de la soya, el pescado, algunas semillas oleaginosas y cereales. De igual forma este elemento químico era empleado para la refrigeración de motores y generadores eléctricos. Durante la crisis del petróleo de 1973, el hidrógeno no fue contemplado como una opción viable para sustituir este energético. Sin embargo, a partir de los años 70, distintos gobiernos de varios países, como Estados Unidos y la Unión Europea, comenzaron a destinar presupuesto público en investigaciones relacionadas con el H_2 (Red Nacional del Hidrógeno, 2011). Actualmente, su demanda global se ha triplicado desde 1975, como señala la Agencia internacional de Energía (IEA, por sus siglas en inglés), hasta llegar a los 73.9 millones de toneladas anuales en 2018 (IEA, 2019) como se muestra en la Figura 8: el 51.7% se utiliza en la recuperación y refinación del petróleo, el 42.6% en la producción de amoniaco, y el resto, en la producción de metanol, producción y fabricación de metal, electrónicos e industria de alimentos, principalmente (Campana Prada, 2021). En el caso de México, el H_2 se emplea para la refinación de petróleo (hidrocracking), la producción de diésel bajo azufre, el enfriamiento de turbinas de los generadores eléctricos, la hidrogeneración selectiva: aceites, mantecas, sorbitol, resinas sintéticas, y la producción de fertilizantes (González Huerta, 2021).

Hoy en día, el uso del H_2 como vector energético permite el desarrollo de un amplio número de tecnologías. En concreto, las pilas de combustible alimentadas con H_2 pueden alcanzar eficiencias elevadas y presentan una gran variedad de posibles aplicaciones, tanto móviles como estacionarias. Y los procesos y tecnologías que producen H_2 a partir de agua, con suficiente grado de madurez, son capaces de generar con 10 litros de agua potable hasta 57 kWh de electricidad o 1 kg de H_2. Lo que en términos de movilidad equivale a 100 km recorridos y, en energía, 33.3 kWh, es decir, 24 horas ininterrumpidas de iluminación (Hydrogenics, 2019). Por ello que, en el caso de que las líneas de desarrollo actuales lleguen a buen término, el H_2 y las pilas de combustible podrán contribuir de forma sustancial a alcanzar los objetivos clave de las políticas energéticas (seguridad de suministro, reducción de emisiones de CO_2), especialmente en el sector transporte. Los resultados alcanzados en los últimos años en los programas de investigación, desarrollo y demostración han incrementado claramente el interés internacional sobre estas tecnologías, de las que se piensa que tienen el potencial de crear un cambio de paradigma energético, tanto en las aplicaciones de transporte como en las de generación distribuida de potencia. Ahora bien, a medio y largo plazo, la incorporación del H_2 como nuevo vector energético ofrece un escenario en el que se podrá producir H_2 a partir de agua, con electricidad y calor de origen renovable, y será posible su utilización para atender a todo tipo de demandas, tanto las convencionales de la industria, en las que el H_2 juega un papel de reactivo en procesos diversos, como las energéticas en las que jugaría su nuevo papel de portador de energía.

1.2.2. *Métodos de producción de H_2*

Existen varias formas de clasificar al H_2 según su método de producción o bien las emisiones contaminantes que genera durante su producción. Cuando se produce a partir de carbón mediante procesos de gasificación (gas de síntesis) o a través de la oxidación parcial del petróleo o a partir del reformado de vapor con gas natural u otros hidrocarburos ligeros (CH_4) o GLP se le llama H_2 negro o café. Generalmente son procesos altamente emisores de gases de efecto invernadero. El H_2 gris es aquel que se genera como un subproducto de algún proceso industrial. Al H_2 azul se le denomina aquel que ha sido obtenido de forma similar que el gris o negro, pero al que se han aplicado técnicas de captura y almacenamiento de carbono. El H_2 verde es el generado a partir de electricidad mediante fuentes renovables de energía, como lo son la eólica o la solar, mediante la electrólisis del agua o bien mediante procesos de concentración térmica solar (Ministerio de negocios, innovación y empleo de Nueva Zelanda, 2019).

Existen otras clasificaciones dependiendo del tipo de energía que se emplee (fósil, renovable (Dincer & Joshi, 2013) y nuclear, en el cual el H_2 se produce por medio de la electrólisis de agua o por procesos termoquímicos Iodo-Azufre; ambos procesos sin emisiones de CO_2 (C. M. del Campo, comunicación personal, 09 de diciembre de 2022).

En vista de los problemas ambientales causados por la emisión de CO_2 en las técnicas tradicionales de producción de H_2 como el reformado de vapor de gas natural, la gasificación de carbón y la oxidación parcial de hidrocarburos, el uso de la energía solar para la producción de H_2 a través de la disociación de la molécula de agua es un método prometedor para un futuro energético.

Generación de H_2 mediante energía solar

Existen cuatros procesos para generar H_2 mediante el uso de la energía solar dependiendo del tipo de sistema o radiación electromagnética empleada que son: proceso fotobiológico, fotoelectroquímico, fotocatalítico y solar termoquímico (Liu, et al., 2019).

Proceso Fotobiológico

Existen dos métodos de producción fotobiológica de H_2 a partir de agua, que son la biofotólisis directa e indirecta (Poudyal et al., 2015). La biofotólisis directa es un método de producción de H_2 y O_2 por microorganismos a partir de agua y luz solar, catalizado por la enzima hidrogenasa. Se realiza en dos etapas: fotosíntesis y producción catalizada de H_2. El microorganismo utilizado más comúnmente para este método es el alga verde. En este proceso primero hay una etapa para el crecimiento de los microorganismos en estanques abiertos, luego se cosechan y se ubican en fotobiorreactores donde se busca que produzcan H_2 y O_2, sin crecimiento. Para ello, hay que adaptar las algas a una atmósfera anaeróbica (Moreno, 2018).

Fotosíntesis: $2H_2O \xrightarrow{Luz} 4H^+ + 4e^- + O_2$ (1.1)

Producción de H_2: $4H^+ + 4e^- \rightarrow 2H_2$ (1.2)

En la biofotólisis indirecta, la producción de H_2 es catalizada normalmente por la enzima hidrogenasa. No obstante, los microorganismos que realizan este proceso también poseen la nitrogenasa por lo que, si se dan las condiciones adecuadas, se podría activar su mecanismo. Las cianobacterias y algas verde-azules son los microorganismos que producen H_2 mediante este método. Estos microorganismos realizan fotosíntesis, en la cual el CO_2 es fijado a sustratos ricos en H_2 interno, generando H_2 molecular cuando estos son incubados en condiciones anaerobias (Moreno, 2018), como se muestra en las reacciones 1.3 y 1.4:

$$6H_2O + 6CO_2 \xrightarrow{Luz} C_6H_{12}O_6 + 6O_2 \qquad (1.3)$$

$$C_6H_{12}O_6 + 6H_2O \xrightarrow{Luz} 12H_2 + 6CO_2 \qquad (1.4)$$

Proceso Fotoelectroquímico

El proceso fotoelectroquímico ocurre en un sistema de dos electrodos sumergidos en un electrolito acuoso: uno es un semiconductor fotocatalítico sensible a la luz (ánodo) y el segundo, un contraelectrodo para facilitar el circuito de flujo de electrones (cátodo) (Dincer & Joshi, 2013). Con la exposición de la luz solar los fotones crean pares electrón-hueco fotogenerados en el semiconductor, los cuales interactúan electroquímicamente con especies iónicas en solución en la interfase sólido/líquido. En el caso general de un semiconductor tipo n, los huecos fotogenerados impulsan la reacción de evolución de O_2 en la superficie del ánodo, mientras que los electrones conducen la reacción de evolución de H_2 en la superficie del cátodo (Contreras Martínez, 2015). Estas reacciones corresponden a las Ecuaciones 1.5 y 1.6, respectivamente:

$$H_2O + h^+ \rightarrow 2H^+ + \frac{1}{2}O_2 \qquad\qquad (1.5)$$

$$2H^+ + 2e^- \rightarrow H_2 \qquad\qquad (1.6)$$

Los dispositivos fotoelectroquímicos (PEC por sus siglas en inglés) de división de agua constan de tres enfoques para acoplar los componentes de recolección de luz y división de agua, lo que permite la operación a temperatura ambiente de una reacción con $\Delta G°$ de +237 kJ por mol de H_2 o 1.23 eV por electrón. Existen dispositivos PEC totalmente integrados/ inalámbricos, parcialmente integrados / conectados y no integrados conocidos como sistemas modulares constan de dos unidades separadas: células fotovoltaicas (FV) y electrolizador.

Proceso Fotocatalítico

El proceso fotocatalítico consiste en la absorción de luz por parte de un fotocatalizador para llevar a cabo reacciones redox. Se denomina homogénea, cuando los reactivos y el fotocatalizador existen en una sola fase, o heterogénea, cuando el fotocatalizador se encuentra en una fase diferente a la de los reactivos. Desde el trabajo reportado por Fujishima y Honda (1972) en el que crearon un sistema electroquímico inducido por luz ultravioleta utilizando dióxido de titanio rutilo (TiO_2) como fotoánodo acoplado a un fotocátodo de platino para la división de agua, numerosos estudios se han desarrollado para diseñar sistemas heterogéneos eficientes de disociación de agua en H_2 y O_2 (Li & Li, 2017).

La disociación fotocatalítica solar de agua por un fotocatalizador semiconductor para producir H_2 y O_2 ocurre en tres pasos (Schneider, 2014):

1. se irradia la superficie de un fotocatalizador semiconductor sólido sumergido en una fase líquida o gaseosa, el cual se excita debido a que la energía de los fotones incidentes es mayor que la energía de la banda

prohibida del semiconductor, por consiguiente, se generan pares electrón-hueco (e^- / h^+);

2. los portadores de carga, en ausencia de O_2, pueden separarse y migrar a la superficie, siempre que se pueda evitar su recombinación no deseada;

3. las moléculas de agua absorbidas en la superficie se reducen por medio de los electrones fotogenerados para producir H_2, mientas que los huecos las oxidan para generar O_2.

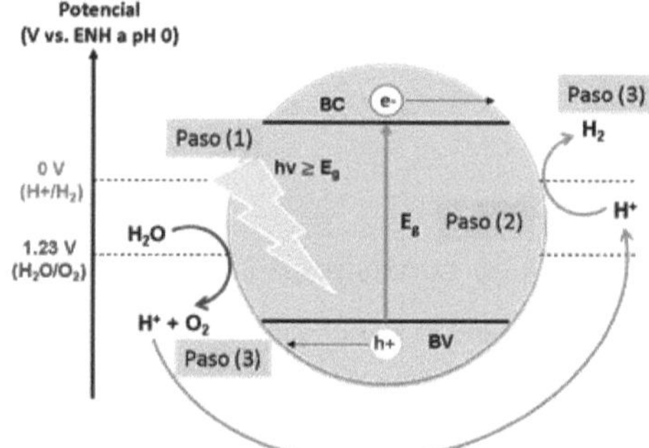

Figura 1. *Esquema del proceso fotocatalítico.*

Estas reacciones se resumen a continuación:

Reacción de evolución de H_2 (HER, por sus siglas en inglés):

en una solución acuosa ácida: $2H^+ + 2e^- \rightarrow H_2$ (1.7)

en una solución acuosa alcalina: $2H_2O + 2e^- \rightarrow H_2 + 2OH^-$ (1.8)

Reacción de evolución de oxígeno (OER, por sus siglas en inglés):

en una solución acuosa ácida: $2H_2O \rightarrow O_2 + 4e^- + 4H^+$ (1.9)

en una solución acuosa alcalina: $4OH^- \rightarrow O_2 + 4e^- + 2H_2O$ (1.10)

Proceso termoquímico

El proceso termoquímico utiliza la radiación solar concentrada como fuente de energía para elevar hasta altas temperaturas un reactor químico, en el cual contiene un óxido metálico que interviene en la disociación de agua en H_2 y O_2 en dos o más etapas. Este proceso, inicia con el calentamiento del material hasta una temperatura T_{red}. A esta temperatura, el óxido metálico se reduce químicamente tal como se muestra en la reacción (1.11), es decir, el O_2 se libera y se transporta fuera del reactor. La división de agua se produce en el segundo paso a una temperatura T_{ox}, donde $T_{ox}<T_{red}$. A continuación, el vapor de agua fluye a través del reactor y el material previamente reducido se reoxida (1.12). A medida que el O_2 se une al óxido metálico reducido dentro del reactor, el H_2 es liberado. Una vez que el material está completamente reoxidado es regenerado a través del primer paso del procedimiento y el ciclo comienza nuevamente (Liu, et al., 2019).

$$MO_X \rightarrow MO_{x-\delta} + \frac{\delta}{2}O_2 \tag{1.11}$$

$$MO_{x-\delta} + H_2O \rightarrow MO_x + H_2 \tag{1.12}$$

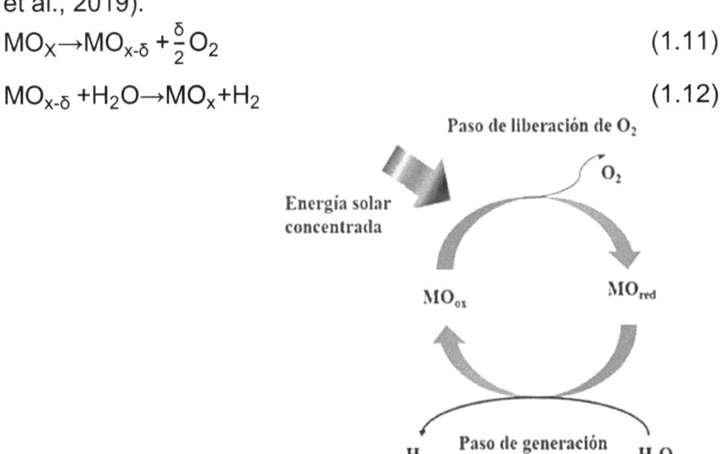

Figura 2. *Esquema del proceso termoquímico mediante óxidos metálicos*

En los últimos años, estos cuatro métodos se han investigado exhaustivamente para promover el uso de la energía solar para desarrollar sistemas a gran escala para la producción de H_2 verde. Sin embargo, aún existen desafíos importantes que alcanzar para lograr este cometido. Específicamente,

21

el método termoquímico solar ha sido de gran interés en el gremio académico y, hoy en día, se siguen desarrollado los elementos teóricos y prácticos para alcanzar una eficiencia competitiva con otras tecnologías a gran escala.

2. Ciclos termoquímicos

2.1.   Ciclos termoquímicos basados en óxidos metálicos

A partir del estudio de Nakamura (1977) sobre la factibilidad de producir H_2 mediante la descomposición directa del agua en ciclos termoquímicos de dos etapas con óxidos metálicos usando energía solar concentrada a altas temperaturas, se ha desarrollado ampliamente este tema para alcanzar altas eficiencias de energía solar a combustible ($\eta_{sol\ a\ combustible}$). Los principales factores que contribuyen al mejoramiento del desempeño de los ciclos termoquímicos son:

i)   el desarrollo de diseños mejorados de reactores solares,

ii)   la optimización de las condiciones de operación, y

iii)   la identificación de materiales reactivos adecuados con propiedades redox estables durante el ciclo y una forma y morfología óptimas para la integración en el reactor solar.

Un material reactivo adecuado para ciclos termoquímicos debe cumplir los siguientes criterios: alta capacidad para producir H_2 durante la oxidación, baja temperatura de reducción, cinética de reacción rápida y estabilidad térmica tras el ciclo redox. Además, el material debe ser asequible a bajo costo, no tóxico y ampliamente disponible (Haeussler, et al., 2019). Hasta el día de hoy, existen más de 500 ciclos termoquímicos reportados para la producción de H_2. Debido a su simplicidad y al alcance de altas eficiencias, las investigaciones se han centrado en los ciclos termoquímicos que incluyen únicamente dos a tres etapas de reacción de reducción/oxidación. Estos ciclos se pueden dividir principalmente en dos categorías: ciclo volátil y ciclo no volátil.

Tabla 2. *Pares redox comunes de óxido metálico*

Categoría	Material	Reacción de reducción

Volátil	Óxido de zinc	$ZnO(s) \rightarrow Zn(g)$
	Óxido de estaño	$SnO_2(s) \rightarrow SnO(g)$
No volátil	Óxido de hierro	$Fe_3O_4 \rightarrow FeO$
(estequiométrico)	Ferrita	$M_xFe_{3-x}O_4 \rightarrow xMO + (3-x)FeO$
	Hercinita	$Fe_3O_4 + 3Al_2O_3 \rightarrow 3FeAl_2O_4$
		$M_xFe_{3-x}O_4 + 3Al_2O_3 \rightarrow (3-x)FeAl_2O_{4-x}$
No volátil	Cerio	$CeO_2 \rightarrow CeO_{2-\delta}$
(no	Cerio dopado	$M_xCe_{1-x}O_2 \rightarrow M_xCe_{1-x}O_{2-\delta}$
estequiométrico)	Perovskita	$ABO_3 \rightarrow ABO_{3-\delta}$
	Manganeso	$Mn_2O_3 \rightarrow MnO$

Nota. Adaptada de Liu et al., 2019

Entre los candidatos a materiales redox mostrados anteriormente, los óxidos a base de ferrita exhiben velocidades de reacción relativamente lentas, degradación en las velocidades debido a la sinterización, y pérdidas debido a la volatilización incontrolada, mientras que el ZnO, el SnO_2 y los óxidos volátiles análogos que se subliman durante la descomposición requieren un enfriamiento rápido de los productos gaseosos para evitar la recombinación (Chueh, et al., 2010).

El dióxido de cerio (CeO_2) ha surgido como una opción de material activo redox muy atractivo para el ciclo termoquímico de dos pasos porque muestra una cinética de producción de combustible rápida y una alta selectividad, donde tales características resultan, en parte, por las distintas fases oxidadas y reducidas. Sin embargo, los estudios termoquímicos basados en dióxido de cerio, hasta la fecha se han limitado en gran medida a demostraciones de laboratorio de componentes o pasos individuales del ciclo de producción de combustible solar; la evaluación del ciclo ha sido limitada, y la eficiencia de conversión de energía se ha mantenido incierto debido a la relativamente baja productividad gravimétrica del combustible inherente al proceso no estequiométrico (Chueh, et al., 2010). Por otro lado, el ciclo Mn_2O_3/MnO presenta ventajas termodinámicas que le hacen muy atractivo para ser combinado con energía solar concentrada. Así, la temperatura requerida para llevar a cabo la reducción térmica, menor que la de otros ciclos, reduce los requerimientos energéticos, facilita la elección de materiales para la construcción del reactor solar y las pérdidas por reradiación pueden considerarse aceptables.

2.1.1. *Ciclo termoquímico Mn_2O_3/MnO*

El ciclo de disociación de agua Mn_2O_3/MnO, propuesto por (Sturzenegger & Nüesch, 1998) es un ciclo prometedor para la producción de H_2, el cual, consta de tres pasos mostrados a continuación (Herradón et al., 2019)

Paso de reducción:

$$^{1}/_{2}\,Mn_2O_3(s) \rightarrow MnO(s) + \,^{1}/_{4}\,O_2(g) \quad T \geq 1560\ °C \qquad (2.1)$$

Paso de oxidación:

$$MnO(s) + NaOH(l) \rightarrow NaMnO_2(s) + \,^{1}/_{2}\,H_2(g) \quad T \geq 627\ °C \qquad (2.2)$$

Paso de recuperación:

$$NaMnO_2(s) + \,^{1}/_{2}\,H_2O(l) \rightarrow \,^{1}/_{2}\,Mn_2O_3(s) + NaOH(l) \quad T \geq 100\ °C \quad (2.3)$$

En el cual, la reducción ocurre a través de dos reacciones consecutivas:

$$Mn_2O_3 \rightarrow \,^{2}/_{3}\,Mn_3O_4 + \,^{1}/_{6}\,O_2 \qquad (2.4)$$

$$^{2}/_{3}\,Mn_3O_4 \rightarrow 2MnO + \,^{1}/_{3}\,O_2 \qquad (2.5)$$

En la primera etapa se lleva a cabo la reducción térmica solar de Mn_2O_3 a MnO. Esta reacción es endotérmica y ocurre a una temperatura entre 1400 °C y 1600°C. Posteriormente, en la segunda etapa, el MnO reacciona con NaOH para obtener $NaMnO_2$ y H_2. Esta reacción ocurre arriba de 625 °C. Finalmente, después de la hidrólisis del óxido mezclado usando H_2O mayor o igual a 100°C, NaOH y Mn_2O_3 son recuperados para utilizarse en el siguiente ciclo (Marugán et al., 2014).

En comparación con otros ciclos termoquímicos, la reacción de disociación de agua no es espontánea, por lo que una alternativa es usar un mejor componente de oxidación tal como el hidróxido de sodio, con el fin de conservar un ciclo térmico puro (Charvin et al., 2007). En este caso, la separación de Mn_2O_3/ NaOH es el paso más retador el ciclo. En la literatura existen muchas soluciones para resolver este problema asociado a este paso: 1) separación térmica de NaOH, 2) creación de óxidos de manganeso mixtos para mejorar la separación y 3) procesamiento de $NaMnO_2$ residual a través del ciclo. Este último, es implementado en esta por medio de un proceso de enfriamiento a 80°C. Enunciando las ventajas del ciclo, la reducción de Mn_2O_3 ocurre a temperaturas suficientemente bajas, por lo que permite poder encontrar materiales factibles para la construcción de reactores. Además, comparado con las de otros ciclos potenciales, permiten pérdidas más bajas por reradiación y, a su vez, una eficiencia más grande del reactor. Asimismo, la separación de fase de MnO del O_2 disociado es simple debido a que MnO es un sólido a la temperatura de reacción (Weimer A. , 2007). Por otra parte, entre sus desventajas se encuentra la naturaleza corrosiva de NaOH, la dificultad de separar Mn_2O_3 de NaOH, y la existencia de múltiples especies oxidadas (MnO, Mn_2O_3, $NaMnO_2$) están involucradas en el proceso, complicando la recuperación y recolección (Kodama & Gokon, 2007).

Características de Mn_2O_3

El óxido de manganeso (III) también conocido como bixbyíta, con fórmula química Mn_2O_3, es el producto final de la oxidación del Mn o del MnO entre los 470 °C a 600 °C es Mn_2O_3. Este último se descompone a 1000°C dando la Mn_3O_4 (hausmannita) de color negro que es una espinela, $Mn^{+2}Mn_2^{+3}O_4$. El Manganeso (III) está presente en otros tipos de óxidos mixtos que incluyen los sistemas alcalinos $LiMnO_2$, $NaMnO_2$ y $K_6Mn_2O_6$, este último contiene iones discretos $Mn_2O_6^{-6}$. El ion Mn^{+3} tiene un papel central en las reacciones complejas redox de los estados de oxidación superiores del manganeso en soluciones acuosas y se oxida lentamente en agua.

El óxido trivalente aparece en dos formas estructurales: α-Mn_2O_3, como el mineral bixbyíta, y la otra térmicamente menos estable, γ-Mn_2O_3, la cual no aparece en la naturaleza. α-Mn_2O_3 en bulto es marrón negruzco, pero torna a un color amarillo cuando el tamaño de las partículas es reducido a escala de longitud nanométrica. En las últimas décadas, el óxido ha tenido un significante interés científico debido a su excepcional arquitectura estructural la cual, en una dimensión a nanoescala, exhibe una sola fase ortorrómbica que comprende cuatro iones Mn^{3+} en una disposición octaédrica compacta, mientras que los átomos de oxígeno llenan ¾ de los intersticiales tetraédricos de manera simétrica (Kumar Ghosh, 2020).

Hidróxido de sodio (NaOH)

Como se mencionó anteriormente, dado que la reacción de disociación de agua no es espontánea, una alternativa es usar un mejor componente de oxidación tal como el hidróxido de sodio o de potasio para conservar un ciclo térmico puro (Charvin et al., 2007). Particularmente, el hidróxido de sodio (NaOH), que usualmente en los análisis teóricos y prácticos es utilizado, tiene un punto de fusión de 322.85 °C y un punto de evaporación de 1388 °C, según la base de datos de HSC v6.0. Además, tiene una presión de vapor muy baja (<10^{-5} hPa a 25 °C).

La solución de NaOH con agua se solidifica a 20°C si la concentración es superior al 52% (en peso), por lo cual es imprescindible que en el sistema este se mantenga a una temperatura mayor de 25°C cuando se produce NaOH con agua. Cabe mencionar que NaOH es una sustancia alcalina fuerte que se disocia completamente en agua a iones de sodio e hidroxilo. La disolución/disociación en agua es fuertemente exotérmica, por lo que ocurre una reacción vigorosa cuando se agrega NaOH al agua (OECD SIDS, 2002).

A continuación, se enuncian las medidas que deben tomarse para su almacenamiento (Ercros, 2006):

- En contenedores que sean resistentes a la naturaleza corrosiva del químico
- Se requieren medidas de contención secundaria debido a los peligros químicos de NaOH.
- Material recomendado: Acero de carbono revestido con pinturas epoxi, acero inoxidable, níquel.
- Material incompatible: No almacenar en: aluminio, estaño, zinc y sus aleaciones (bronce, latón, etc.) cromo y plomo.
- Condiciones de almacenamiento: lugar fresco y ventilado, al abrigo de la humedad y alejado de ácidos, hidrocarburos halogenados, nitroparafinas, etc.
- Rango / límite de temperatura y humedad: Para temperatura mayor de 50 °C deberán usarse aceros inoxidables y níquel. Prever la posibilidad de

solidificación a temperaturas inferiores de 15 °C - 20 °C (calentadores o centrifugado).

* Condiciones especiales: Evitar humedad y aireación del producto. Se carbonata en contacto con aire y humedad.

2.1.2. *Ciclo termoquímico CeO_2/Ce_2O_3*

El CeO_2 ha emergido como un material redox reactivo prometedor para el ciclo termoquímico de disociación de agua en dos pasos (Gokon, Sagawa, & Kodama, 2013).

Paso de reducción:

$$CeO_2 \rightarrow 1/2\, Ce_2O_3 + 1/4\, O_2 \tag{2.6}$$

Paso de oxidación:

$$1/2\, Ce_2O_3 + 1/2\, H_2O \rightarrow CeO_2 + 1/2\, H_2 \tag{2.7}$$

En la primera etapa (2.1) se produce la reducción del óxido de Cerio (IV) (CeO_2) a óxido de Cerio (III) (Ce_2O_3). Esta etapa es altamente endotérmica por lo que tiene lugar a elevadas temperaturas (2000 °C). Posteriormente, se produce la hidrólisis de Ce_2O_3, (2.2) en presencia de vapor de agua, para dar lugar a CeO_2 e H_2. Esta reacción es exotérmica y las temperaturas requeridas son menores (400-600 °C) (Abanades & Flamant, 2006).

En cada etapa de la reacción se produce la liberación de uno de los productos, alternativamente O_2 y H_2. La aplicación de CeO_2 en los ciclos termoquímicos tiene una gran ventaja sobre otros procesos. Durante la separación de los productos de la primera etapa, el Ce_2O_3 se mantiene en fase sólida mientras que el oxígeno se libera en fase gas, por lo que es separado fácilmente. Así, durante el enfriamiento, no hay riesgo de que el oxígeno y el óxido reaccionen para producir el óxido original. También, no presenta reacciones secundarias que den lugar a productos no deseados (Abanades & Flamant, 2006). Y, por otro lado, involucra un alto punto de fusión del óxido, lo que conlleva a una buena resistencia a la sinterización y una reactividad cíclica que realiza por sí misma sin ningún material de soporte a altas temperaturas (Gokon, et al., 2013). Cabe mencionar que este proceso se cotizó hasta el 2019 en 14.7 dólares por kilogramo de H_2 producido (Liu, et al., 2019).

Aunque la entrada de energía solar reduce completamente CeO_2 en Ce_2O_3, el par redox CeO_2 / Ce_2O_3 requiere de temperaturas muy altas ($\geq$ 2000 °C) para el paso de reducción. A esos niveles de temperatura ocurre una pérdida significativa de masa reactiva debido a la volatilización, así como también se reduce el tiempo de vida de los materiales de los reactores. Además, por la parte práctica y económica es difícil alcanzar una temperatura tan alta utilizando un sistema de concentración solar (Gokon, et al., 2013). Para superar estos inconvenientes, los investigadores han considerado diferentes dopantes para disminuir la temperatura de reducción y así favorecer la liberación de oxígeno, como se presenta a continuación.

CeO_2 dopado

Se han incorporado numerosos elementos como dopantes en CeO_2, tratando de mejorar la producción de combustible y disminuir la temperatura de reducción. Con el fin de mejorar el rendimiento de CeO_2 modificando sus propiedades en bulto, se ha investigado la sustitución parcial de CeO_2 con elementos aliovalentes o covalentes. Se ha señalado que un radio iónico pequeño para dopantes divalentes, trivalentes y tetravalentes es beneficioso para promover la cantidad de oxígeno liberado. Además, los dopantes de valencia alta también mejoran el grado de reducción. Un dopante con valencia alta y radio iónico pequeño favorece el grado de reducción de CeO_2 dopado. Esto se debe a las fuerzas de Coulomb que determinan la atracción entre los iones de oxígeno y el catión dopante, que es proporcional a las cargas y al inverso del radio iónico del catión. Por lo tanto, los enlaces Ce-O que se forman alrededor de los dopantes con un radio iónico pequeño y una valencia alta tienden a romperse más fácilmente.

Ciclo termoquímico $CeO_2/CeO_{2-\delta}$

El CeO_2 puede formar un compuesto a temperaturas de reducción térmica menores a 2000 °C en un estado no estequiométrico entre CeO_2 y Ce_2O_3, que requiere una temperatura de reducción relativamente más baja, disminuyendo así la volatilidad (Gokon, et al., 2013). El ciclo de disociación de agua que utiliza el ciclo redox CeO_2 / $CeO_{2-\delta}$ está representado por las siguientes ecuaciones:

Paso de reducción:

$$CeO_2 \rightarrow 1/2\,CeO_{2-\delta} + \delta/2\,O_2 \tag{2.8}$$

Paso de oxidación:

$$1/2\,CeO_{2-\delta} + \delta H_2O \rightarrow CeO_2 + \delta H_2 \tag{2.9}$$

$CeO_{2-\delta}$ representa un estado no estequiométrico de CeO_2 que se forma durante el paso de reducción cuando se libera oxígeno de CeO_2. En el segundo paso (el paso de oxidación) el $CeO_{2-\delta}$ reacciona con vapor a temperaturas inferiores a 1000 °C para producir H_2.

Características del CeO_2

Bajo presiones ambientales y desde la temperatura ambiente hasta el punto de fusión, el Ce totalmente oxidado, adopta la estructura cúbica de fluorita con una celda unitaria cúbica centrada en la cara. En condiciones reductoras, una parte del Ce se convierte en estado de oxidación 3+, y estas especies reducidas son equilibradas por las vacantes de oxígeno, donde δ en la estequiometría $CeO_{2-\delta}$ representa la concentración de vacantes. Una característica notable del cerio es que, particularmente a altas temperaturas, se pueden acomodar concentraciones de vacantes excepcionalmente altas sin un cambio en la estructura (o fase) cristalográfica (Chueh & Haile, 2010). Además, su reoxidación es termodinámicamente favorable (Haeussler, et al., 2019) .

2.2. Tecnología de concentración solar para producción de H_2

La energía solar es la fuente de energía más abundante sobre la tierra, con alrededor de 885 millones de TWh que caen sobre la superficie del planeta cada año, esto representa alrededor de 6,200 veces la energía primaria comercial consumida por la sociedad en el 2008 (IMP, 2018). Es importante mencionar que la tecnología para el aprovechamiento de la energía termosolar puede considerarse madura en la actualidad. Hoy en día, se considera que el calor solar puede contribuir de forma significativa a la energía global requerida para generar calor. En el 2010 la IEA reportó que el 47% de la demanda de energía a nivel mundial está relacionada con aplicaciones térmicas (uso del calor); resaltando la importancia del aprovechamiento de este recurso, sobre todo a nivel industrial (IMP, 2018).

2.2.1. Principios de la energía solar concentrada

La energía solar concentrada es aquella energía obtenida de la luz solar directa que se concentra a través de dispositivos ópticos, conocidos como colectores de concentración, que constan de un concentrador y un receptor. La radiación concentrada es interceptada por un receptor, que es el elemento donde la radiación se absorbe y se convierte en energía térmica o química, utilizada en los procesos termoquímicos y fotoquímicos solares. Las dos leyes fundamentales de la termodinámica que brindan información práctica con respecto a la energía solar en el proceso termoquímico solar son la 1^{era} y 2^{nda} ley. Con la primera ley de la termodinámica, se establece la cantidad mínima de energía solar requerida para producir un combustible en particular o una especie química. Asimismo, puede aplicarse para calcular la eficiencia de absorción de la energía solar de un reactor solar, $\eta_{absorción}$, la cual se define como la tasa de energía absorbida por el reactor por la entrada de energía solar desde el concentrador. Los reactores solares para sistemas solares de alta concentración generalmente tienen una configuración de tipo cavidad-receptor, el cual se encuentra aislado con una pequeña abertura para dejar entrar la radiación solar concentrada. A temperaturas mayores de 727 °C, la potencia absorbida disminuye principalmente por las pérdidas radiativas a través de la abertura. Es así como para un receptor completamente aislado (sin pérdidas de calor por convección o conducción), que no se refrigerase por ningún otro medio que no fuese la emisión de radiación correspondiente a su propia temperatura, $\eta_{absorción}$ se define en la Ecuación 2.10:

$$\eta_{absorción} = \frac{\alpha_{ef}Q_{apertura} - \varepsilon_{ef}A_{apertura}\sigma T^4}{Q_{solar}} \qquad (2.10)$$

donde α_{ef} y ε_{ef} son la absortividad y la emisividad efectivas del receptor, respectivamente; σ es la constante de Stefan-Boltzmann, Q_{solar} es la irradiación total que incide sobre el concentrador, $Q_{apertura}$ es la cantidad de energía interceptada por la apertura de área $A_{apertura}$; y T es la máxima temperatura que puede alcanzar un receptor.

Por otro lado, la segunda ley indica, entre otras cosas, si el camino elegido para producir el combustible es físicamente posible o no. Ambos tipos de información, tanto de la 1^{era} y 2^{nda} ley, son necesarios para el diseño del proceso termoquímico.

Cabe mencionar que el máximo valor de la razón de concentración, c, la cual representa la ventaja que supone incorporar un sistema óptico de concentración de radiación solar, puede determinarse mediante un criterio termodinámico. De esta forma cuando un colector alcance el equilibrio termodinámico, su temperatura máxima será igual a la temperatura de la superficie del sol, es decir, 5507 °C, bajo la hipótesis de cuerpo negro. En este momento, el valor de la α_{ef} y ε_{ef} coinciden ya que el espectro con que emite el cuerpo es exactamente igual al espectro solar. Suponiendo que sobre el colector incide una radiación de 1350 W/m^2 que es el valor de irradiación solar admitido actualmente, se obtiene la Ecuación 2.11:

$$c = \frac{\sigma T_{max}^4}{Q_{solar}} \approx 46500 \tag{2.11}$$

Para un valor de irradiación fijo e igual a 1350 W/m^2 se puede obtener la temperatura máxima de un colector en equilibrio ($\alpha_{ef} = \varepsilon_{ef}$), a través de la Ecuación 2.11.

2.2.2. *Dispositivos para concentrar la radiación solar*

Como se comentó anteriormente, los colectores de concentración son los que se encargan de captar la energía térmica de la radiación solar. Las aplicaciones termosolares de estos dispositivos ópticos pueden ser clasificadas de acuerdo con la temperatura a la cual operan, en este sentido, existen aplicaciones de baja, media y alta temperatura, las cuales implican el uso de diferentes tecnologías y materiales (IMP, 2018).

Las aplicaciones de baja temperatura, es decir, menores a 100°C, están relacionadas con tecnología de colectores planos, no cubiertos y tubos evacuados empleados principalmente para el calentamiento de agua sanitaria y de agua de albercas. Las aplicaciones de temperatura media (entre 100°C y 400°C) utilizan tecnologías de tubos evacuados, que alcanzan hasta 120°C de temperatura y de concentradores solares, principalmente de foco lineal, para uso principalmente industrial, enfriamiento y calefacción de espacios. Y las aplicaciones de alta temperatura (mayores a 400°C) utilizan espejos de foco puntual para concentrar la energía y lograr temperaturas suficientes altas para la generación de electricidad (IMP, 2018) y, especialmente, para los procesos termoquímicos.

Los concentradores solares de alta temperatura se clasifican en cuatro categorías según sus características ópticas, como la relación de concentración, la forma focal y el estándar óptico. Estos concentradores pueden ser de seguimiento de un eje o de seguimiento de dos ejes hacia el sol de la siguiente manera:

1. Concentrador solar parabólico
2. Concentrador disco parabólico
3. Concentrador de torre central
4. Concentrador tipo Fresnel

Los diferentes tipos de concentradores proporcionan diferentes rangos de temperatura. Además, la variación de la razón de concentración es una característica distintiva de los concentradores.

El concentrador solar cilindro parabólico consiste en colectores en forma de parábolas lineales, hecho de materiales reflectores, que concentran la radiación solar en las líneas centrales por donde circula un fluido y se pueden alcanzar hasta 400 °C. El concentrador de torre central de potencia consta de un campo de espejos, con seguimiento de dos ejes, que concentran la radiación solar en un receptor situado en lo alto de una torre. Este sistema puede alcanzar temperaturas mayores a 1327 °C. Los colectores disco parabólico concentran la radiación solar en el eje de la parábola donde se encuentra el receptor térmico y pueden alcanzar temperaturas mayores de 1527 °C. Y, por último, el colector tipo Fresnel consta de una serie de tiras de espejo lineales que concentran la luz en un receptor lineal fijo montado en la parte superior. Cada tira o lámina de material reflectivo se mueve de manera independiente para direccionar la luz solar hacia el receptor (Jaramillo, s.f.). Todas estas tecnologías de concentración solar han resultado adecuadas para la utilización eficaz del calor de alta temperatura para convertirlo en otras aplicaciones energéticas tales como los procesos termoquímicos, el cual se encuentra en etapa de desarrollo (Joardder, et al., 2017).

Por último, los hornos solares son instalaciones de concentración en las que normalmente se obtienen intensidades solares de alto flujo en una ubicación fija dentro de un laboratorio alojado. Son plataformas experimentales para la realización de investigaciones con altos flujos de radiación y temperaturas, alcanzando concentraciones superiores a los 18,000 soles, y temperaturas por arriba de los 3400 °C (C. Arancibia Bulnes, comunicación personal, 19 de octubre de 2022). El diseño tradicional consiste en utilizar un helióstato plano de seguimiento solar en el eje con un concentrador paraboloide primario estacionario (Steinfeld & Palumbo, 2001).

2.3. Estado del arte de la producción termoquímica solar de H_2 a nivel mundial

2.3.1. Estado de arte del ciclo Mn_2O_3/MnO

Los pioneros en proponer el ciclo termoquímico Mn_2O_3/MnO para la producción de H_2 fueron Sturzenegger & Nüesch (1998) quienes presentaron las etapas que constituyen al ciclo como también el tipo de irreversibilidades que se presentarían durante su desarrollo. Asimismo, se evaluó la factibilidad termodinámica del ciclo y se concluyó que era posible obtener un 22% de eficiencia total del proceso y fueron identificadas reacciones u operaciones potencialmente críticas. Más tarde, en el 2006, Sturzenegger propuso el uso de óxidos mixtos en lugar de manganeso puro para el ciclo termoquímico ya que la formación de la fase estable de birnessita, puede suprimirse en la presencia de otro metal y la recuperación de sodio podría facilitarse (Kreider, et al., 2011). Referente a la birnessita, esta se forma por la presencia de oxígeno que promueve la formación de fases ternarias de Na/Mn con Mn^{4+} contenido, el cual limita la extracción completa de sodio (Varsano, et al., 2009).

En contraste, Charvin et al. (2006) demostró que las condiciones experimentales utilizadas por Sturzenegger y Nüesch (15 minutos para la conversión completa de 650 °C bajo vacío dinámico) no se pueden alcanzar antes de la destrucción del recipiente contenedor de cuarzo. El acero inoxidable no se puede usar porque el NaOH reacciona con la pared de hierro a 700 °C produciendo H_2, lo que hace que las mediciones sean impracticables. Por tanto, los materiales del reactor con resistencia a la corrosión química a altas temperaturas que se requieren son costosos tales como platino, plata o aleaciones de níquel (Charvin et al., 2007). Por otro lado, aunque la reducción del óxido metálico reducido con agua es termodinámicamente posible, Charvin et al., mostraron que MnO no puede dividir el agua espontáneamente, lo que significa que es necesaria una entrada de trabajo para ejecutar la reacción ($\Delta G > 0$) u otra alternativa es usar un componente de oxidación como el hidróxido de sodio o de potasio para conservar un ciclo térmico puro (Charvin et al., 2007).

En el 2007, Weimer A. demostró altas convenciones de disociación de Mn_2O_3 en un reactor de flujo de aerosol, la exploración de transporte de $NaMnO_2$ residual a lo largo del ciclo y la eliminación de NaOH por vaporización. Debido a que los resultados indicaron que una cantidad significante de NaOH no fue evaporada, realizaron pruebas con óxido de manganeso mixtos $Mn_xFe_{1-x}O$ y $Mn_xZn_{1-x}O$ para una recuperación de NaOH más eficiente. Los óxidos mixtos liberaron más sodio a altas concentraciones de NaOH que el óxido de manganeso puro. Se encontró que los óxidos de manganeso mezclados con zinc eran los mejores para recuperar Na^+ en altas concentraciones. Los resultados de estos dos estudios demostraron que la cantidad de agua necesaria para la recuperación de NaOH puede reducirse significativamente utilizando óxidos de manganeso mixtos (Weimer A. , 2008).

Varsano, et al., (2009) propusieron un nuevo proceso de preparación de la mezcla reactiva MnO/NaOH, utilizado en la etapa de generación de H_2, en modo de suspensión, y la influencia de las condiciones operativas de la hidrólisis, con el objetivo de optimizar la eficiencia del ciclo y obtener un mejor entendimiento de los factores que limitan una hidrólisis completa de $NaMnO_2$. También, estudian el paso de hidrólisis de α-$NaMnO_2$ y discuten la importancia de llevar a cabo la reacción de hidrólisis bajo gas inerte. Se observa que la reducción de la temperatura del paso de producción de H_2 a 750 °C permite la utilización de la reacción para recuperar energía residual de otras fuentes, típicamente motores térmicos. Por otro lado, los resultados obtenidos indican que las condiciones de hidrólisis juegan un papel principal en el proceso de recuperación de NaOH, y que la extracción de sodio a partir de α-$NaMnO_2$ se ve favorecida por un entorno inerte. Se obtiene una recuperación de sodio casi completa para una solución muy diluida bajo N_2. En este caso se observa la formación de hausmannita Mn_3O_4.

En el 2011, Kreider, et al., modificaron el ciclo MnO/NaOH para mejorar la hidrólisis de α-$NaMnO2$ (óxido de manganato) y para recuperar los óxidos de Mn(III) por el paso de reducción a alta temperatura. Del estudio se obtuvo que la hidrólisis de α-$NaMnO_2$ a Mn_2O_3 y NaOH es incompleta incluso con un exceso de agua y más de 10% de sodio no puede ser removido del paso de reducción de alta temperatura. Además, se determinó que, usando hierro como componente secundario del óxido mixto en el ciclo en lugar de Mn_2O_3 puro, la recuperación de NaOH en la etapa de hidrólisis mejoró de aproximadamente 10% a 35% las concentraciones de NaOH por encima de 1 M de concentración.

Solo se eliminó el 60% de sodio a 0.5 M del óxido mixto, mientras que más del 80% se puede recuperar a la misma concentración de NaOH cuando solo se usan óxidos de manganeso. Sin embargo, debido a que no se pudo evitar el arrastre de NaOH a la etapa de reducción a alta temperatura, propusieron un ciclo de dos etapas modificado sin recuperación de sodio a baja temperatura donde el α-NaMnO$_2$ se reduce directamente a MnO a 1773 K cuando está al vacío. Los autores consideran a Al$_2$O$_3$ como un material factible para construir el reactor y son menos pronunciadas las pérdidas por reirradiación. A escala de laboratorio, alrededor del 60% del sodio se volatizó y las conversiones se mantuvieron estables en alrededor del 35% después de tres ciclos completos.

Marugán et al., (2012) hicieron un estudio termodinámico del primer paso del ciclo termoquímico Mn$_2$O$_3$/MnO obteniendo un rango preciso de temperaturas que favorecen las reacciones mostradas en la Ecuación 2.4 (mayor a 700 °C) y la Ecuación 2.5. (1350 °C o 1560 °C ambas reacciones). Cabe mencionar que el rango de temperaturas que calcularon es mucho menor que aquellos comúnmente reportados en la literatura. Se estudian los efectos de este y otras variables como presión y composición de fase gaseosa en cada reacción. Los cálculos termodinámicos fueron corroborados experimentalmente en un horno tubular de alta temperatura.

Bayón et al., (2013) investigaron sobre la influencia de las características morfológicas y estructurales en la producción de H$_2$ y la recuperación de NaOH en el ciclo termoquímico NaOH/MnO. Se observó que la disminución del tamaño de la partícula en el óxido de manganeso puede favorecer el contacto con NaOH mejorando la producción de H$_2$ a condiciones de P$_{atm}$. También, el tamaño grande de cristalinidad de MnO puede mejorar la producción de H$_2$. Por otro lado, la fase cristalina formada en el paso de producción de H$_2$ es el aspecto más relevante para lograr una buena eficiencia en el paso de hidrólisis. Otros parámetros como la temperatura, composición de gas y la tasa de agua/sólido tienen menor efecto en la recuperación de NaOH.

Posteriormente, Marugán et al., (2014) realizaron un estudio termodinámico del paso de oxidación del ciclo Mn_2O_3/MnO demostrando experimentalmente los resultados. En él, encontraron las temperaturas óptimas para lograr una tasa de reacción satisfactoria de producción de H_2 a 650 °C – 1150 °C. También, identificaron que la reducción de la temperatura de reacción se puede lograr disminuyendo la presión del sistema o incrementando la cantidad de gas inerte. Recalcan importante trabajar con un exceso de NaOH para alcanzar el 100% de la conversión de MnO en la producción de H_2 puesto que NaOH es parcialmente vaporizado durante el proceso.

Fue así como, con los resultados de estos tres últimos artículos, llevaron a cabo Herradón et al., (2019) una evaluación experimental del ciclo completo de Mn_2O_3/MnO. En esta investigación establecieron un método y las condiciones para evaluar un sistema de generación de H_2 utilizando tecnología de concentración solar a partir de una cantidad fija de H_2 producido de 1 mol/s (n_{H_2} = 1) y una proporción de 3:1 M de N_2:H_2 (Herradón et al., 2019). En los últimos años, se ha estudiado experimentalmente el efecto del dopado de manganeso en el óxido de cerio para el ciclo termoquímico de disociación de agua en dos etapas (Cho et al., 2020) a fin de comparar la productividad de O_2/H_2 aplicando dos métodos diferentes de síntesis y de procesos de recubrimiento. El paso de reducción térmica se llevó a cabo a una temperatura de 1400 °C, y a 1200 °C el paso de disociación de agua. Después de cinco ciclos, se determinó que la muestra de la pastilla recubierta de 3-15 mol % de Mn-CeO_2 por dopaje directo y por el método de calcinación mostraba una mayor productividad de H_2/O_2 y estabilidad cíclica. De igual manera, se ha estudiado el uso de los óxidos mixtos con manganeso para la producción de H_2 como lo es el $Mn_{3-x}Co_xO_4$ (Orfila, et al., 2020) el cual logra reducir los requerimientos energéticos en el paso de reducción (1048 K-1173 K). Al igual que MnO, la oxidación del óxido metálico reducido ($Mn_{3-x}Co_xO_3$) con agua para producir H_2 no es factible desde un punto de vista termodinámico, por lo que es requerido un agente oxidante como el NaOH. En comparación con otros ciclos termoquímicos, el óxido mixto $Mn_{2.1}Co_{0.9}O_4$ presentó eficiencias mayores (23%) que la de los materiales comúnmente reportados en la literatura que trabajan a muy baja temperatura.

2.3.2. *Estado de arte del ciclo CeO_2/ $CeO_{2-\delta}$*

La investigación de la producción solar de H_2 mediante el ciclo termoquímico de óxido de cerio no estequiométrico se divide en dos categorías: teórica y experimental, a nivel laboratorio o a nivel planta piloto. En este caso, para los intereses particulares de esta tesis, se ha basado en la parte experimental y teórica a nivel planta piloto.

Inicialmente, en 2010, Chueh y colaboradores llevaron a cabo 500 ciclos termoquímicos consecutivos de disociación de H_2O y CO_2 utilizando un monolito cilíndrico poroso de CeO2 no estequiométrico situado en un reactor solar. Como fuente de calentamiento para esta investigación experimental, se utilizó un simulador solar de alto flujo. Después de una disminución de las tasas de producción de O_2 y H_2 durante los primeros cien ciclos, las tasas de producción promedio se estabilizan.

Lapp, et al. (2012) presentaron un análisis termodinámico en el que se investigó a detalle el efecto de la recuperación de calor en la eficiencia de la producción de combustible H_2 a base de CeO_2 a través de ciclos termoquímicos de disociación de H_2O/CO_2. Las eficiencias térmicas se evaluaron en función de la relación de concentración solar, la temperatura de reducción térmica, la eficacia de recuperación de calor, la presión parcial de O_2 y el coeficiente no estequiométrico de CeO_2. Con una relación de concentración de 3000 y una temperatura de reducción de 1707 °C, la eficiencia térmica aumentó del 4.4% sin recuperación de calor a 40.8% en la recuperación de calor total. La aplicación de recuperación de calor dio lugar a una alta eficiencia térmica a temperaturas de reducción más bajas. Para una presión parcial de O_2 de 10^{-3} atm, el aumento de la eficacia de recuperación de calor de 0 a 90% dio lugar a una alta eficiencia térmica en un factor de 1.34. El sistema basado en CeO_2 no dopado a 1577°C con una eficacia de recuperación de calor de 80% dio como resultado una eficiencia térmica de 14.4%. Este valor de eficiencia es equivalente a un sistema sin recuperación de calor, pero un coeficiente no estequiométrico de CeO_2 (δ) que aumentó de 0.025 a 0.115 (Bhosale, et al., 2019).

Bader et al. (2013) (Bader, Venstrom, et al., 2013) analizaron la termodinámica de la producción continua de combustible por medio de un ciclo redox isotérmico de CeO_2 sólido en un reactor solar, mostrando una posible alternativa al ciclo de dos temperaturas más ampliamente considerado. Si bien el ciclo de dos temperaturas es termodinámicamente más favorable, el enfoque isotérmico permite un diseño del reactor solar potencialmente simplificado al eliminar la necesidad de recuperación activa de calor en fase sólida, pero a costa de requisitos sustancialmente más estrictos para afectar una gran oscilación en la presión parcial de oxígeno entre la reducción y la oxidación y para la recuperación de calor en fase gaseosa. En el modelo de ciclo isotérmico, CeO_2 se redujo parcialmente en una atmósfera de baja presión parcial de O_2 creada por un flujo de nitrógeno purificado, y se reoxidó con un flujo de vapor puro. Los flujos de nitrógeno y vapor se precalentaron con los productos de la reacción de oxidación en estado gaseoso calientes. Los resultados apuntaron que, con una relación de concentración solar de C=3000, una temperatura de funcionamiento de T_{CeO2} de 1500 °C y una eficacia de recuperación de calor en fase gaseosa de 95.5%, la eficiencia de conversión es del 10% para la producción de H_2. Asimismo, se observa la influencia de la temperatura de funcionamiento, la presión, la pureza del gas de barrido, la eficacia de recuperación de calor en fase gaseosa, la relación de concentración solar y los cambios modestos de temperatura en la eficiencia de conversión de energía solar a combustible.

Cho, et al., (2014) de la Universidad de Niigata (NU), Japón y el Instituto de Investigación Energética de Corea (KIER) desarrollaron conjuntamente un reactor solar que emplea un dispositivo de espuma de CeO_2 para la división termoquímica solar del agua en un horno solar de 45 kWth. Se preparó una matriz cerámica de zirconia parcialmente estabilizada con MgO (MPSZ) recubierta con partículas de CeO_2 (20 % en peso) utilizando un método de recubrimiento por rotación para construir dos pastillas de espuma cerámica con diámetros de 15 cm y 20 cm, y espesor de 2.5 cm. La estructura de espuma permitió una absorción eficiente de la radiación solar debido a una gran superficie específica. Los ciclos termoquímicos se realizaron variando la temperatura de reducción (1400-1600 °C) y de hidrólisis (900-1100 °C). Se llevaron a cabo siete ciclos redox para la espuma cerámica de 15 cm, mientras que con la espuma cerámica de 20 cm se realizó un solo ciclo. El mayor grado de conversión de CeO_2 ($\approx$23%) se obtuvo con el dispositivo de 15 cm durante el 7° ciclo. Las tasas de producción de H_2 durante el primer ciclo fueron de 215.6 ml/min y 443 ml/min para los dispositivos de espuma CeO_2/MPSZ de 15 cm y 20 cm, respectivamente.

El objetivo de Cho et al., (2015) era mejorar los métodos de operación para aumentar la tasa de producción de H_2. Para ello, llevaron experimentalmente el ciclo termoquímico de dos pasos mediante la disociación de agua impulsado por energía solar utilizando un dispositivo de espuma CeO_2/MPSZ por medio de tres métodos operativos diferentes. Las condiciones experimentales, como la entrada de energía solar al dispositivo de espuma, la temperatura de reducción térmica, el paso de descomposición del agua y la duración de cada paso, se controlaron mediante persianas en el horno solar. Parte de este control fue necesario para compensar los cambios en las condiciones climáticas. Los procesos de reducción térmica y descomposición del agua se probaron para un reactor solar y tres métodos operativos diferentes: A, B y C. Estos métodos operativos diferían en la dirección de los gases que fluían a través del sistema y en la forma en que la radiación solar se concentraba en el reactor solar. Con respecto al flujo de gas, la dirección natural del flujo bajo el método de operación B mostró una mejor producción de H_2 que el flujo inverso de una boquilla difusora utilizada en el método de operación A. Por otro lado, para enfocar la energía solar, el método de foco móvil en el método de operación C dio una mayor producción de H_2 que el método de enfoque utilizados en los métodos de operación A y B. Por lo tanto, los cambios en el método operativo pudieron mejorar el rendimiento del producto de H_2.

Lin & Haussener (2015) desarrollaron un modelo termodinámico para evaluar las condiciones de operación óptima (presión del sistema, presión parcial del oxígeno, temperatura de reducción, temperatura de oxidación, recuperación de calor, y razón de la concentración de irradiación) para cinco diseños del sistema del ciclo de CeO_2 no estequiométrico usando irradiación solar concentrada. Particularmente, se enfocaron en el paso de reducción y en la incorporación de métodos alternativos -mecánicos (gases de barrido o bombeo al vacío) y químicos (capturador químico) - para reducir la presión parcial del oxígeno. La combinación estos métodos mostró ser prometedora para aumentar la eficiencia del sistema en condiciones no isotérmicas teniendo una recuperación eficiente del calor de la fase gaseosa y el reciclaje de gas de barrido eran importantes para garantizar un procesamiento eficiente de combustible H_2. Cabe mencionar que, para el funcionamiento isotérmico, el enfoque mecánico-químico combinado no mostró ninguna mejora afectada por la gran cantidad de gas de barrido requerido.

Abanades S. (2019) destacó que las morfologías que permiten tanto el área de superficie geométrica disponible mejorada como el sistema de poros interconectados a granel que facilitan el transporte masivo de especies reactivas hacia y desde los sitios de oxidación, son las más adecuadas para la producción rápida de combustible. Por lo tanto, se requiere una conformación optimizada de los materiales para proporcionar una buena capacidad de absorción solar que favorezca un calentamiento homogéneo, junto con un área de superficie específica alta que favorezca las reacciones sólido-gas. También es requerida una estabilidad térmica a largo plazo para las estructuras de CeO_2, independientemente del método de conformación involucrado. Los hallazgos experimentales han indicado que la mayor parte de la capacidad de generación de combustible de los materiales a base de CeO_2 depende de la superficie disponible para la transferencia de calor y masa. En última instancia, esto se relaciona con la forma y el tamaño de las partículas obtenidos por varios métodos de síntesis. La investigación actual se concentra en el uso de CeO_2 en forma de RPC (cerámica porosa reticulada) a doble escala para mejorar la transferencia calor/masa, la velocidad de reacción y la estabilidad térmica. Además, los reactores a base de vacío también son uno de los intereses de los investigadores para reducir el consumo de gas inerte y mejorar la eficiencia del proceso. Sin embargo, la operación bajo presión reducida para eliminar el oxígeno del sistema debe verificarse experimentalmente.

2.4. Energía solar en México

México se ubica en una zona privilegiada en el globo terráqueo, la cual se encuentra en la región más favorecida en recursos solares (entre 15° y 35° de latitud) recibiendo diariamente una irradiación normal directa promedio de 5.5 kWh/m^2 (IRENA, 2015). El noroeste de México muestra un gran potencial para la generación de energía solar con una irradiación superior a los 8 kWh / m^2 en primavera y verano. Análogamente, la región central también cuenta con abundantes recursos solares, al igual que la península de Baja California, situación que convierte a México en un país donde el uso del recurso solar representa una fuente importante de energía para la generación de combustibles de bajo impacto ambiental como el H_2.

2.4.1.   *Horno Solar de Alto Flujo Radiativo (HoSIER) de México*

Desde inicios del 2011 se encuentra en funcionamiento el horno solar de México (LACYQS "UNAM" CONACyT, 2013), el cual es un instrumento que usa la energía solar concentrada tanto para investigación básica, aplicada y desarrollo tecnológico, como para el estudio de varios procesos industriales y el desarrollo de componentes de tecnologías para la generación termosolar de potencia eléctrica, entre otros (LACYQS, 2015). Este dispositivo solar, al que el Dr. Claudio Estrada y su equipo denominaron HoSIER (Horno Solar IER, en referencia al lugar donde está ubicado, en el Instituto de Energías Renovables de la UNAM), es un horno de alto flujo radiativo que consta de un concentrador, un helióstato, un atenuador con persianas verticales y una mesa de trabajo con movimiento tridimensional preciso. El concentrador está compuesto por 409 espejos esféricos hexagonales con curvatura esférica y apotema de 20 cm. Los espejos se agrupan en cinco distancias focales concéntricas de 3,75 a 4,75 m. El helióstato consta de 30 espejos planos y tiene un área de reflectancia de 81 m^2. La evaluación óptica del HoSIER ha mostrado un error óptico global muy pequeño de aproximadamente 2 mrad, según el modelado teórico. El pico de flujo en la zona focal es de 18,000 soles, con un flujo medio de 5,700 soles en una zona de 7.2 cm de diámetro, donde se concentra más del 95% del flujo radiativo. Además, se han alcanzado temperaturas superiores a 3127 °C mediante la fusión del tungsteno en una atmósfera inerte (Villafán-Vidales, et al., 2017).

A continuación, se enlistan los coeficientes de uso del Horno solar mexicano (HoSIER).

Tabla 3. *Coeficientes de las condiciones de uso del HoSIER*

Símbolo	Descripción	Ideal	Óptimo	Real
η_{t1}	Transmisividad del vidrio del helióstato	1.00	0.94	0.94
η_{r1}	Reflectividad de los espejos del helióstato	1.00	0.91	0.91
η_{r2}	Reflectividad de los espejos del concentrador	1.00	0.91	0.91
η_{e1}	Sombreamiento estructural del horno	1.00	0.98	0.96
η_{s}	Sombreamiento de mesa experimental	1.00	0.95	0.95
η_{p}	Sombreamiento por persianas del atenuador	1.00	1.00	0.99
η_{d1}	Factor de suciedad del helióstato	1.00	1.00	0.90
η_{d2}	Factor de suciedad del concentrador	1.00	1.00	0.95
F	Factor de Horno	1.00	0.68	0.56
C	Relación de concentración solar máxima (soles)	1.00	18734	15533
I_{b}	Radiación solar directa (W/m2)	1000	1000	826
Q_{e}	Potencia (kW)	38.5	25	16.1

Nota. Adaptada de Pérez Enciso, 2015

3. Análisis termodinámico de generación de H_2 mediante horno solar de alto flujo.

3.1. Metodología para el ciclo Mn_2O_3/MnO

En cuanto a la metodología utilizada para la estimación de H_2 producido, es importante señalar que, para el caso del óxido termoquímico Mn_2O_3/MnO, actualmente, la literatura que existe sobre la producción de H_2 con el empleo de un horno solar de alta temperatura a escala de planta piloto es considerablemente reducida. Entre ella, el trabajo realizado por (Herradón et al., 2019) destaca por sobre cualquier otro, puesto que en él se encuentra el método y las condiciones que establecen para evaluar un sistema de generación de H_2 utilizando tecnología de concentración solar a partir de una cantidad fija de H_2 producido de 1 mol/s (n_{H2} = 1) y una proporción de 3:1 M de N_2:H_2 (Herradón et al., 2019), como se mencionó en el marco teórico.

A continuación, se desarrolla el análisis termodinámico de un sistema para dos casos a una cantidad fija de: (1) reactivo y (2) H_2 producido (1 mol/s). Aquí cabe destacar que, de la bibliografía, la cantidad de reactivo contenido en la pastilla irradiada en el interior del reactor catalítico a nivel planta piloto, mayormente porosa, se encuentra entre los 325 g y los 80 g (Cho et al., 2014) (Hoskins, et al., 2019), tanto para el óxido de manganeso como para el óxido de cerio. De modo que, se establece una masa fija de reactivo de 80 g para el primer caso.

Además, a partir del experimento a nivel planta piloto de Zoller y colaboradores, 2022, se establece que la duración del ciclo termoquímico es de una hora.

3.1.1. *Estimación de H_2 producido para una cantidad fija de reactivo*

Según los parámetros de masa de reactivo contenido en la pastilla de 80 g, y una proporción de 3:1 M de N_2:H_2, de las temperaturas en las que se lleva a cabo la reacción de reducción, de oxidación y de recuperación de NaOH (de acuerdo con (Herradón et al., 2019) 1450 °C, 1000 °C y 80 °C, respectivamente, y de la presión y temperatura ambiente (25 °C y 101.325 kPa) en el estado inicial del proceso, puede calcularse la masa de los productos de las reacciones y, así, obtener el H_2 generado con 80 g de Mn_2O_3.

Comenzando con la reacción de reducción,

$$^1/_2\, Mn_2O_3(s) \rightarrow MnO(s) + {}^1/_4\, O_2(g) \quad T \geq 1450\,°C,$$

la cual se efectúa en el interior del reactor a 1450 °C con una corriente de gas de arrastre N_2, se calcula la masa de MnO como de O_2 producido conociendo la masa de Mn_2O_3, como se muestra a continuación en las Ecuaciones 3.1 - 3.4.

$$80 \text{ g de } Mn_2O_3 \times \frac{1 \text{ mol de } Mn_2O_3}{157.86 \text{ g de } Mn_2O_3} \times \frac{1 \text{ mol de MnO}}{1/2 \text{ mol de } Mn_2O_3} = 1.013 \text{ mol de MnO} \tag{3.1}$$

$$1.013 \text{ mol de MnO} \times \frac{70.94 \text{ g de MnO}}{1 \text{ mol de MnO}} = 71.9 \text{ g de MnO} \tag{3.2}$$

$$80 \text{ g de } Mn_2O_3 \times \frac{1 \text{ mol de } Mn_2O_3}{157.86 \text{ g de } Mn_2O_3} \times \frac{1/4 \text{ mol de } O_2}{1/2 \text{ mol de } Mn_2O_3} = 0.25 \text{ mol de } O_2 \tag{3.3}$$

$$0.25 \text{ mol de } O_2 \times \frac{32 \text{ g de } O_2}{1 \text{ mol de } O_2} = 8.11 \text{ g de } O_2 \tag{3.4}$$

Con respecto a la masa molar de MnO, anteriormente calculada, se estima la masa de los productos de la reacción de oxidación,

$$MnO(s)+NaOH(l)\rightarrow NaMnO_2(s)+{}^1\!/_2\,H_2(g) \quad T=1000\ °C \tag{3.5}$$

a partir de la Ecuación 3.5.

$$1.013 \text{ mol de } MnO \times \frac{1 \text{ mol de } NaMnO_2}{1 \text{ mol de } MnO} = 1.013 \text{ moles de } NaMnO_2 \tag{3.6}$$

$$1.013 \text{ mol de } NaMnO_2 \times \frac{109.92 \text{ g de } NaMnO_2}{1 \text{ mol de } NaMnO_2} = 111.40 \text{ g de } NaMnO_2 \tag{3.7}$$

$$1.013 \text{ mol de } MnO \times \frac{1/2 \text{ mol de } H_2}{1 \text{ mol de } MnO} = 0.507 \text{ moles de } H_2 \tag{3.8}$$

$$0.507 \text{ mol de } H_2 \times \frac{2.016 \text{ g de } H_2}{1 \text{ mol de } H_2} = 1.022 \text{ g de } H_2 \tag{3.9}$$

Por tanto, como se muestra en la Ecuación 3.9, se producen 1.022 g de H_2 con 80 g de Mn_2O_3. Asimismo, se obtiene la cantidad necesaria de NaOH para efectuar la reacción de oxidación y, posteriormente, de H_2O para la recuperación de los reactivos Mn_2O_3 y NaOH (véase en las Ecuaciones 3.10 – 3.13):

$$1.013 \text{ mol de } MnO \times \frac{1 \text{ mol de } NaOH}{1 \text{ mol de } MnO} = 1.013 \text{ moles de } NaOH \tag{3.10}$$

$$1.013 \text{ mol de } NaOH \times \frac{40 \text{ g de } NaOH}{1 \text{ mol de } NaOH} = 40.54 \text{ g de } NaOH \tag{3.11}$$

$$1.013 \text{ mol de } NaMnO_2 \times \frac{1 \text{ mol de } NaMnO_2}{{}^1\!/_2 \text{ mol de } H_2O} = 2.03 \text{ moles de } H_2O \tag{3.12}$$

$$2.03 \text{ moles de } \times \frac{18.015 \text{ g de } H_2O}{1 \text{ mol de } H_2O} = 36.5 \text{ g de } H_2O \tag{3.13}$$

Por otra parte, el gas N_2 que acarrea los gases producidos por las reacciones de reducción y oxidación, se calcula tomando en cuenta una proporción de 3:1 M de $N_2{:}H_2$ anteriormente mencionado. Esto es:

$$0.507 \text{ mol de } H_2 \times \frac{3 \text{ mol de } N_2}{1 \text{ mol de } H_2} = 1.52 \text{ mol de } N_2 \tag{3.14}$$

$$1.52 \text{ mol de } N_2 \times \frac{28 \text{ g de } N_2}{1 \text{ mol de } N_2} = 42.57 \text{ g de } N_2 \tag{3.15}$$

Como se ve en la Ecuación 3.15, se necesita una cantidad total de 42.57 g de N_2 durante todo el ciclo termoquímico para producir 1.022 g de H_2.

3.1.2. *Estimación de la masa de reactivo requerida para generar 1 mol/s de H_2*

Ahora bien, con base en el parámetro de 1 mol/s de H_2 producido, la misma proporción de 3:1 M de N_2:H_2, las temperaturas en las que se lleva a cabo la reacción de reducción, de oxidación y de recuperación de NaOH: 1450 °C, 1000 °C y 80 °C, respectivamente, y de la presión y temperatura ambiente (25 °C y 101.325 kPa) en el estado inicial del proceso (Herradón et al., 2019), puede calcularse la masa del reactivo inicial Mn_2O_3 necesaria para producir 1 mol/s de H_2.

Comenzando esta vez con la reacción de oxidación,

$$MnO(s) + NaOH(l) \rightarrow NaMnO_2(s) + {}^1\!/_2\, H_2(g) \quad T=1000 \text{ °C}, \tag{3.16}$$

la cual se efectúa en el interior del reactor a 1000 °C, haciendo pasar una corriente de gas de arrastre N_2, se calcula la masa de MnO (Ecuaciones 3.21-3.22) como de NaOH (Ecuaciones 3.19- 3.20) y $NaMnO_2$ (Ecuaciones 3.17-3.18) conociendo la masa de H_2, como se muestra a continuación:

$$1 \text{ mol de } H_2 \times \frac{1 \text{ mol de } NaMnO_2}{1/2 \text{ mol de } H_2} = 2 \text{ mol de } NaMnO_2 \tag{3.17}$$

$$2 \text{ mol de } NaMnO_2 \times \frac{109.92 \text{ g de } NaMnO_2}{1 \text{ mol de } NaMnO_2} = 219.84 \text{ g de } NaMnO_2 \tag{3.18}$$

$$1 \text{ mol de } H_2 \times \frac{1 \text{ mol de } NaOH}{1/2 \text{ mol de } H_2} = 2 \text{ mol de } NaOH \tag{3.19}$$

$$2 \text{ mol de NaOH} \times \frac{40 \text{ g de NaOH}}{1 \text{ mol de NaOH}} = 80 \text{ g de NaOH} \qquad (3.20)$$

$$1 \text{ mol de } H_2 \times \frac{1 \text{ mol de MnO}}{1/2 \text{ mol de } H_2} = 2 \text{ mol de MnO} \qquad (3.21)$$

$$2 \text{ mol de MnO} \times \frac{70.94 \text{ g de MnO}}{1 \text{ mol de MnO}} = 141.88 \text{ g de MnO} \qquad (3.22)$$

Con respecto a la masa molar de MnO anteriormente calculada, se estima la masa de O_2 (Ecuaciones 3.24 - 3.25) y Mn_2O_3 (Ecuaciones 3.26 - 3.27) de la reacción de reducción:

$$^{1}/_{2}\, Mn_2O_3(s) \rightarrow MnO(s) + {}^{1}/_{4}\, O_2(g) \;\; T{\geq}1450 \;°C \qquad (3.23)$$

$$2 \text{ mol de MnO} \times \frac{1/4 \text{mol de } O_2}{1 \text{ mol de MnO}} = 0.5 \text{ mol de } O_2 \qquad (3.24)$$

$$0.5 \text{ mol de } O_2 \times \frac{32 \text{ g de } O_2}{1 \text{ mol de } O_2} = 16 \text{ g de } O_2 \qquad (3.25)$$

$$2 \text{ mol de MnO} \times \frac{1/2 \text{ mol de } Mn_2O_3}{1 \text{ mol de MnO}} = 1 \text{ mol de } Mn_2O_3 \qquad (3.26)$$

$$1 \text{ mol de } Mn_2O_3 \times \frac{157.87 \text{ g de } Mn_2O_3}{1 \text{ mol de } Mn_2O_3} = 157.87 \text{ g de } Mn_2O_3 \qquad (3.27)$$

Por tanto, se necesita una masa inicial de 157.87 g de Mn_2O_3 y 80 g de NaOH para producir 1 mol/s de H_2.

Igual que en el caso anterior, el gas N_2 que acarrea los gases producidos por la reacción de reducción, se calcula tomando en cuenta una proporción de 3:1 M de N_2:H_2 anteriormente mencionado. Esto se muestra en la Ecuaciones 3.28 y 3.29.

$$1 \text{ mol de } H_2 \times \frac{3 \text{ mol de } N_2}{1 \text{ mol de } H_2} = 3 \text{ mol de } N_2 \qquad (3.28)$$

$$3 \text{ mol de } N_2 \times \frac{28 \text{ g de } N_2}{1 \text{ mol de } N_2} = 84 \text{ g de } N_2 \tag{3.29}$$

Por lo que se necesita una cantidad total de 84 g de N_2 durante todo el ciclo termoquímico para producir 1 mol/s de H_2 o 2.016 g de H_2.

3.1.3.   *Composición de la mezcla*

Ya que en el producto de las reacciones de reducción y oxidación se genera una mezcla de gases N_2+O_2 y N_2+H_2, respectivamente, se determinan las fracciones molar y de masa de cada componente en ambas mezclas, las cuales se requieren para la estimación de sus propiedades termodinámicas.

Por tanto, si no se permite reacción química entre los componentes, los moles totales n en una mezcla deben ser igual a la suma de los moles de sus componentes, como se ve en la Ecuación 3.30. Representando los moles de las especies k en una mezcla por el símbolo n_k, la mezcla se describe especificando n_k o la fracción molar y_k, la cual se define en la Ecuación 3.31.

$$n = \sum_k n_k \tag{3.30}$$

$$y_k = \frac{n_k}{n} \tag{3.31}$$

$$\sum_k y_k = 1 \tag{3.32}$$

Como se especifica en la Ecuación 3.32, la suma de las fracciones molares de todas las especies debe ser 1.

Asimismo, si la masa del k-ésimo componente de una mezcla se representa por el símbolo m_k, la mezcla se puede describir especificando m_k para cada componente. En consecuencia, la masa total es la sumatoria tomada de todos los componentes, como se muestra en la Ecuación 3.33:

$$m = \sum_k m \tag{3.33}$$

De forma alternativa, la composición de una mezcla se expresa en términos de la masa de cada componente específico, llamada fracción de masa, mostrándose en la Ecuación 3.34.

$$x_k = \frac{m_k}{m} \tag{3.34}$$

$$\sum_k x_k = 1 \tag{3.35}$$

Al igual que en la fracción molar, en la Ecuación 3.35, la suma de las fracciones de masa de todas las especies debe ser igual a 1 en una mezcla (Bhattacharjee, 2016).

3.1.4. *Estimación de Q_{solar} y $\eta_{sol\text{-}a\text{-}combustible}$*

Recapitulando lo discutido en el marco teórico, la reacción de reducción ocurre a través de dos reacciones consecutivas:

$$Mn_2O_3 \rightarrow {}^2\!/_3\, Mn_3O_4 + {}^1\!/_6\, O_2 \qquad T = 750°C \tag{3.36}$$

$$^2\!/_3\, Mn_3O_4 \rightarrow 2MnO + {}^1\!/_3\, O_2 \qquad T = 1450\,°C \tag{3.37}$$

En la Ecuación 3.36, Mn_2O_3 debe calentarse de 25°C a 750°C; después, el producto de la reacción anterior, Mn_3O_4, debe calentarse a una temperatura máxima de 1450°C, como se muestra en la Ecuación 3.37. Por ello, se considera que, en el cálculo de calor de calentamiento de los reactivos ($Q_{calentamiento\ de\ reactivos}$) para la reacción Mn_2O_3/MnO, debe obtenerse el calor de reacción de Mn_2O_3/Mn_3O_4 y Mn_3O_4/MnO como se muestra en la Ecuación 3.38.

$$Q^{Mn_2O_3/MnO}_{calentamiento\ de\ reactivos} =$$

$$\cdot Cp_{Mn_2O_3} \cdot \Delta T_{(25°C \rightarrow 750°C)} + n_{Mn_3O_4} \cdot Cp_{Mn_3O_4} \cdot \Delta T_{(750°C \rightarrow 1450°C)} \qquad (3.38)$$

donde $n_{Mn_2O_3}$ y $n_{Mn_3O_4}$ son las masas molares de los reactivos de ambas reacciones, anteriormente calculados. Cp es el calor específico y ΔT es la diferencia de temperatura en la que se efectúa la reacción.

Dado que las reacciones subsecuentes Mn_2O_3/Mn_3O_4 y Mn_3O_4/MnO se efectúan desde 25°C a 750 °C y de 750°C a 1450°C, respectivamente, los valores de C_p de cada elemento, adquiridos de HSC Chemistry v6.0, se grafican en función de la temperatura y se obtiene su línea de tendencia, como se muestra en las Figuras 3 y 4.

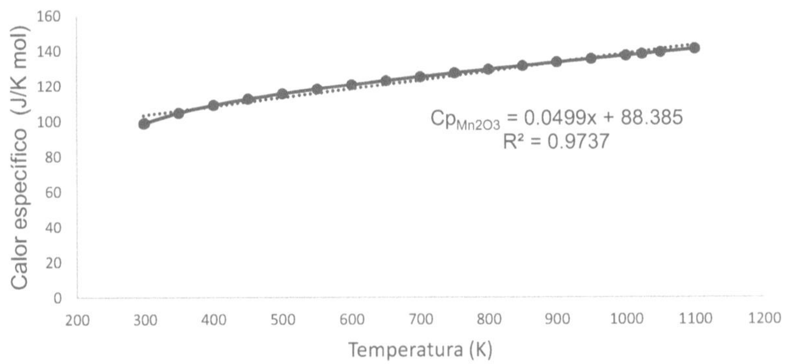

Figura 3. *Estimación del calor específico de Mn₂O₃*

El calor de calentamiento de Mn_2O_3 se calcula integrando la ecuación de la recta, es decir, el calor específico que depende de la temperatura, como se indica a continuación:

$$Q^{Mn_2O_3/Mn_3O_4}_{calentamiento\ de\ reactivos} = n_{Mn_2O_3} \int_{T_0}^{T} Cp(T)\, dT \qquad (3.39)$$

$$= n_{Mn_2O_3} \int_{T_0=298}^{T=1023} 0.0499T + 88.385 \, dT = 87,974.36$$

Por otro lado, debido al comportamiento de Cp, el calor de calentamiento de Mn_3O_4 se estima por tres métodos diferentes, a fin de visualizar la diferencia del orden de magnitud:

1) Integración del calor específico

$$Q^{Mn_3O_4/MnO}_{\text{calentamiento de reactivos}} = n_{Mn_3O_4} \int_{T_0}^{T} Cp(T) \, dT \qquad (3.40)$$

$$= n_{Mn_3O_4} \int_{T_0=1023}^{T=1723} 0.0491T + 139.14 \, dT$$

2) La regla trapezoidal

$$T_n = \frac{b-a}{2n}[f(x_0) + 2f(x_1) + 2f(x_2) + \cdots + 2f(x_{n-1}) + f(x_n)] \qquad (3.41)$$

3) La regla de Simpson

$$S_n = \frac{b-a}{3n}[f(x_0) + 4f(x_1) + 2f(x_2) + 4f(x_3) + \cdots + 2f(x_{n-2}) + 4f(x_{n-1}) + f(x_n)] \qquad (3.42)$$

Debido a que los resultados de los tres métodos son del mismo orden de magnitud, la ecuación de la línea de tendencia del calor específico en la Figura 4 se considera para el cálculo del calor de calentamiento de Mn_3O_4, dando por resultado

$$Q^{Mn_3O_4/MnO}_{\text{calentamiento de reactivos}} = 144,588.01$$

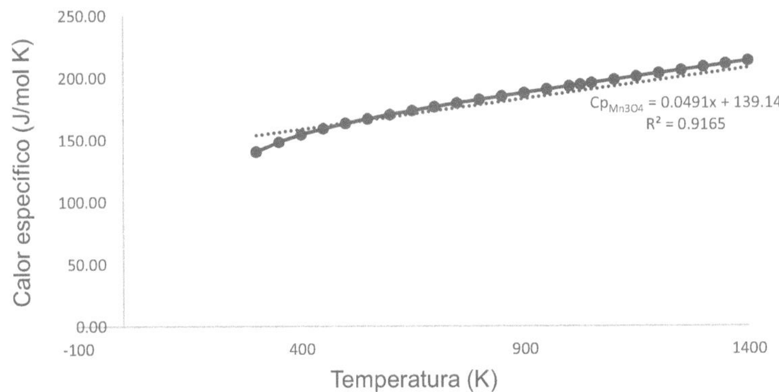

Figura 4. *Estimación del calor específico de Mn₃O₄*

Por otra parte, Herradón et al., (2019) considera que el calor necesario para calentar el gas N_2 de arrastre, $Q_{calentamiento\ de\ N2}$, debe evaluarse solamente para el paso de reducción, debido a que se considera crítica la temperatura a la que se efectúa la reacción de reducción para el análisis de la eficiencia del proceso. En la Ecuación 3.43 se describe $Q_{calentamiento\ de\ N2}$

$$Q_{calentamiento\ de\ N_2} = n_{N_2} \cdot \Delta H|_{N_2\ 25°C \rightarrow 1450\ °C} \tag{3.43}$$

donde n_{N2} es la masa molar de gas N_2 a una proporción 3:1 de N_2:H_2, la cual se calculó previamente, y $\Delta H|_{N_2\ 25°C \rightarrow 1450\ °C}$ es el cambio de la entalpía del gas N_2 a 1450°C y 25°C. Estos últimos datos se obtienen de las tablas de gas ideal en (Bhattacharjee, 2016).

Finalmente, se calcula el calor de reacción del paso de reducción, $Q_{reacción}^{Mn_2O_3/MnO}$, como se muestra en la Ecuación 3.44.

$$Q_{reacción}^{Mn_2O_3/MnO} = n_{H_2} \cdot \left(\Delta H_{Mn_2O_3 \rightarrow Mn_3O_4}^{750\ °C} + \Delta H_{Mn_3O_4 \rightarrow MnO}^{1450\ °C} \right) \tag{3.44}$$

donde n_{H_2} es la masa molar de H_2 producido (previamente calculado), $\Delta H_{Mn_2O_3 \to Mn_3O_4}^{750\,°C}$ es la entalpía de reacción Mn_2O_3/Mn_3O_4 a 750°C y, $\Delta H_{Mn_3O_4 \to MnO}^{1450\,°C}$, la entalpía de reacción de Mn_3O_4/MnO a 1450 °C. Estos dos últimos términos se estiman por separado de acuerdo con el siguiente procedimiento (Castellan, 1998, pág. 127).

De la reacción de reducción ($Mn_2O_3 \to {}^2/_3\,Mn_3O_4 + {}^1/_6\,O_2$), se determinan las entalpías de formación de los reactivos y productos, obtenidos desde la base de datos de HSC Chemistry v6.0, son:

$\Delta H_{f\,Mn_2O_3}^{\circ} = $ -959 kJ/mol

$\Delta H_{f\,Mn_3O_4}^{\circ} = $ -1387.8 kJ/mol

$\Delta H_{f\,O_2}^{\circ} = $ 0 kJ/mol

De igual forma, en la segunda reacción de reducción ($^2/_3\,Mn_3O_4 \to 2MnO + {}^1/_3\,O_2$), la entalpía de formación de MnO es

$\Delta H_{f\,MnO}^{\circ} = $ -385.2 kJ/mol

Ahora bien, la entalpía estándar de reacción se define como la entalpía de una reacción que se efectúa a 1 atm (Chang, 2010, pág. 252), como se muestra en la Ecuación 3.45.

$$\Delta H_{reac,\ 25°C}^{\circ} = \sum n\,\Delta H_f^{\circ}(\text{productos})\ \sum m\,\Delta H_f^{\circ}(\text{reactivos}) \qquad (3.45)$$

donde m y n representan los coeficientes estequiométricos de reactivos y productos, respectivamente. Sustituyendo ambas reacciones, las entalpías estándar de reacción de ambas reacciones se muestran en las Ecuaciones 3.46 y 3.47.

$$\Delta H_{reac,\ 25°C}^{°\ Mn_2O_3 \to Mn_3O_4} = 2/3\ \Delta H_{f\ Mn_3O_4}^{°} - \Delta H_{f\ Mn_2O_3}^{°} \tag{3.46}$$

$$\Delta H_{reac,\ 25°C}^{°\ Mn_3O_4 \to MnO} = 2\Delta H_{f\ MnO}^{°} - 2/3\ \Delta H_{f\ Mn_3O_4}^{°} \tag{3.47}$$

Por otro lado, acorde con la Ecuación 3.48, establecida por HSC Chemistry v6.0 del Cp en función de la temperatura,

$$Cp = A + B\cdot(10^{-3})T + C(10^{-5})T^{-2} + D(10^{-6})T^{2} \tag{3.48}$$

se obtienen los valores de A, B, C y D de los reactivos y productos, mostrados en la Tabla 4, y se sustituyen en la Ecuación 3.48, como se muestra en las Ecuaciones 3.49, 3.50 y 3.51.

Tabla 4. *Valores de las variables en HSC para el cálculo del calor específico de* Mn_2O_3, Mn_3O_4 *y MnO*

	Mn_2O_3	Mn_3O_4	MnO
A	103.470	146	42.133
B	35.062	48.501	16.956
C	-13.514	-18.292	-2.409
D	0	0	-4.206

$$Cp_{Mn_2O_3} = 103.470 + 35.062\cdot(10^{-3})T - 13.514(10^{-5})T^{-2} \tag{3.49}$$

$$Cp_{Mn_3O_4} = 146 + 48.501\cdot(10^{-3})T - 18.292(10^{-5})T^{-2} \tag{3.50}$$

$$Cp_{MnO} = 42.133 + 16.956\cdot(10^{-3})T - 2.409(10^{-5})T^{-2} - 4.206(10^{-6})T^{2} \tag{3.51}$$

Enseguida, se sustituyen las Ecuaciones 3.49 - 3.51 para obtener el ΔCp de las reacciones Mn_2O_3/Mn_3O_4 (Ecuación 3.52) y Mn_3O_4/MnO (Ecuación 3.53), según correspondan:

$$\int_{298}^{1023} \Delta Cp_{reac}^{Mn_2O_3 \rightarrow Mn_3O_4} = \int_{298}^{1023} 2/3\, Cp_{Mn_3O_4} - Cp_{Mn_2O_3} =$$

$$\int_{298}^{1023} 2/3 \left(146+48.501 \cdot (10^{-3})T - 18.292(10^{-5})T^{-2}\right) -$$

$$\left(103.470+35.062 \cdot (10^{-3})T - 13.514(10^{-5})T^{-2}\right) = -5449.95 \qquad (3.52)$$

$$\int_{1023}^{1723} \Delta Cp_{reac}^{Mn_3O_4 \rightarrow MnO} = \int_{1023}^{1723} 2Cp_{MnO} - 2/3\, Cp_{Mn_3O_4} =$$

$$\int_{1023}^{1723} 2\left(42.133+16.956 \cdot (10^{-3})T - 2.409(10^{-5})T^{-2} - 4.206(10^{-6})T^2\right) - 2/3$$

$$\left(146+48.501 \cdot (10^{-3})T - 18.292(10^{-5})T^{-2}\right) = -18968.3 \qquad (3.53)$$

Después, se calcula la entalpía de reacción en función de la temperatura, como se observa en la siguiente Ecuación 3.54.

$$\Delta H_{reac}^{T} = \Delta H_{reac}^{\circ} + \int_{T_0}^{T} \Delta Cp_{reac}\, dT \qquad (3.54)$$

En la integral, si la reacción es Mn_2O_3/Mn_3O_4, T es igual a 1023.15 K, y T_0, 298.15 K. En cuanto a la reacción Mn_3O_4/MnO, T es 1723.15 K, y T_0, 1023.15 K. Después, son sustituidos ΔH_{reac}° y ΔCp_{reac} para cada reacción como se muestran en las Ecuaciones 3.55 y 3.56.

$$\Delta H_{Mn_2O_3 \rightarrow Mn_3O_4}^{750\,°C} = \Delta H_{reac,\ 25°C}^{\circ\ Mn_2O_3 \rightarrow Mn_3O_4} + \int_{298.15}^{1023.15} \Delta Cp_{reac}^{Mn_2O_3 \rightarrow Mn_3O_4}\, dT \qquad (3.55)$$

$$\Delta H_{Mn_3O_4 \rightarrow MnO}^{1450\,°C} = \Delta H_{reac\,,\, 25°C}^{\circ\ Mn_3O_4 \rightarrow MnO} + \int_{1023.15}^{1723.15} \Delta Cp_{reac}^{Mn_3O_4 \rightarrow MnO}\, dT \qquad (3.56)$$

Los resultados de las Ecuaciones 3.55 y 3.56 son reemplazados en la Ecuación 3.44 para, finalmente, obtener $Q_{reacción}^{Mn_2O_3/MnO}$.

Considerando que el reactor solar está completamente aislado y que el receptor se toma como un cuerpo negro, la eficiencia de absorción del reactor está dado por la Ecuación 3.57 (Herradón et al., 2019)

$$\eta_{abs} = 1 - \frac{\sigma \cdot T_{reactor}^4}{I \cdot C} = \frac{Q_{reactor}}{Q_{solar}} \tag{3.57}$$

donde σ es la constante de Stefan-Boltzmann ($5.67 \cdot 10^{-11}$ kW/m$^2 \cdot$ K^4), $T_{reactor}$ es la temperatura máxima requerida del reactor solar en kelvin (1723.15 K), I representa la irradiación solar directa normal tomada como 1 kW/m^2, C es la concentración solar expresada en unidades de soles y Q_{solar} es la entrada total de calor proveniente del sol al ciclo termoquímico, y está estrechamente relacionado con el parámetro C. Debido a que la reacción de reducción constituye el paso limitante en términos de temperatura y energía requeridos, se calcula únicamente Q_{solar} para este paso. Por último, $Q_{reactor}$ es el flujo de calor necesario en el reactor como se muestra en la Ecuación 3.58 (Herradón et al., 2019).

$$Q_{reactor} = Q_{calentamiento\ de\ N_2} + Q_{calentamiento\ de\ reactivos}^{Mn_2O_3/MnO} + Q_{reacción}^{Mn_2O_3/MnO} \tag{3.58}$$

Es así como, combinando las Ecuaciones 3.57 y 3.58, Q_{solar} es obtenido como se muestra en la Ecuación 3.55

$$Q_{solar} = \frac{Q_{reactor}}{\eta_{abs}} \tag{3.59}$$

Sobre la base del estudio experimental realizado en (Herradón et al., 2019), se calcula la eficiencia de energía solar a combustible ($\eta_{sol\ a\ combustible}$) para evaluar el potencial del ciclo de producción de H$_2$ con la entrada de calor solar, como se muestra en la Ecuación 3.60.

$$\eta_{\text{sol a combustible}} = \frac{n_{H_2} \cdot HHV_{H_2}}{Q_{\text{solar}}} \tag{3.60}$$

donde HHV_{H_2} es el poder calorífico del H_2 de 286 kJ/mol (Herradón et al., 2019). Para poderse calcular, se consideraron las siguientes suposiciones:

1) El paso de reducción se realiza adiabática e isobáricamente; además, no se toman en cuenta las pérdidas entre los pasos subsecuentes.

2) Se considera que el reactor funciona adiabáticamente para que el calor absorbido que efectúa la reacción del primer paso del ciclo sea aprovechado para desarrollar la generación de H_2 y la recuperación de reactivos.

Con la finalidad de examinar el tránsito de energía en cada parte del sistema de generación de H_2, a continuación, se evalúan las propiedades termodinámicas de los estados que constituyen al sistema.

3.1.5. *Propiedades termodinámicas del sistema del ciclo* Mn_2O_3/MnO

Proceso 1 – 2: Oxidación de Mn_3O_4

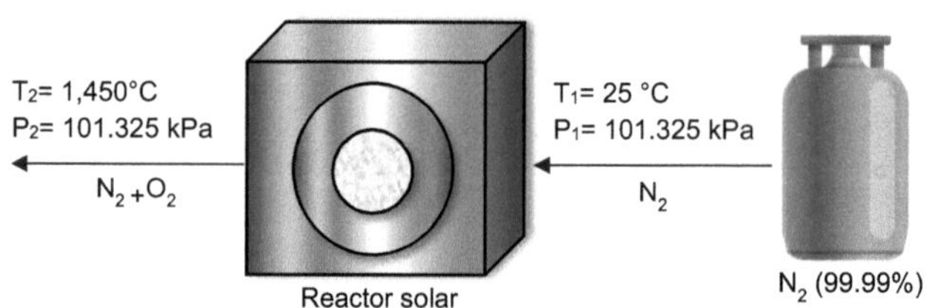

Figura 5. *Proceso 1-2: Oxidación de Mn_3O_4*

El ciclo termoquímico Mn_2O_3/MnO inicia con el flujo de gas N_2 hacía el reactor a temperatura y presión estándar (25 °C, 101.325 kPa). Este gas arrastra consigo el gas O_2 producido de la reacción de reducción a 1450 °C y 101.325 kPa, como se muestra en la Figura 4. Considerando O_2 y N_2 gases ideales, se calculan las propiedades termodinámicas de esta mezcla:

Volumen específico de la mezcla

Para calcular el volumen específico de la mezcla N_2+O_2, se debe obtener el volumen total de la mezcla a partir de la ley de Amagat sumando el número de moles de ambos gases, como se indica en la Ecuación 3.61.

$$V=\frac{\left(n_{O_2}+n_{N_2}\right)R_uT}{P} \tag{3.61}$$

Donde R_u es la constante universal de gases. Dividiendo el volumen total de la masa de ambos gases, se obtiene el volumen específico, como se muestra en la Ecuación 3.62.

$$\nu = \frac{V}{m_{O_2}+m_{N_2}} \tag{3.62}$$

Entalpía de la mezcla

Para una mezcla de gases ideales con composición constante, donde x_k y y_k permanecen constantes, la entalpía se calcula una vez que se conoce la entalpía molar parcial específica, $\bar{h}_k(T)$, de los componentes de la mezcla a su temperatura correspondiente, en este caso a 1450 °C, los cuales se obtienen de las tablas de gas ideal. Estos valores divididos entre la masa molar, y la fracción de masa de cada componente de la mezcla se sustituyen en la Ecuación 3.63 para calcular la entalpía de la mezcla.

$$h=\sum_k x_k h_k(T) = \sum_k x_k[h_k(T_2)-h_k(T_1)] \tag{3.63}$$

Entropía de la mezcla

De la misma manera, la entropía de la mezcla se obtiene conociendo la entropía molar parcial específica, $\bar{s}_k^{\circ}(T)$, de los componentes de la mezcla a 1450 °C que se encuentran en las tablas de gas ideal. La fracción de masa y el valor de $\bar{s}_k^{\circ}(T)$ dividido entre la masa molar de cada componente de la mezcla son sustituidos en la Ecuación 3.64.

$$s = \sum_k x_k s_k(T) = \sum_k x_k [s_k(T_2) - s_k(T_1)] \qquad (3.64)$$

Proceso 3-4: Hidrólisis de MnO

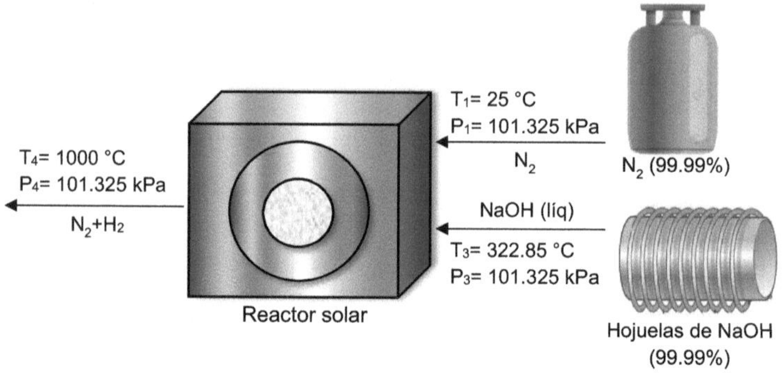

Figura 6. *Proceso 3-4: Hidrólisis de MnO*

Ahora bien, el óxido metálico reducido MnO y NaOH en estado líquido a 322.85 °C dentro del reactor solar a 1000°C y 101.325 kPa generan gas H_2 como se observa en la Figura 5. El gas N_2, al igual que en el estado 2, sustrae el gas H_2 producido de la reacción de oxidación fuera del reactor.

En este caso, las propiedades termodinámicas de NaOH en estado líquido son obtenidas de la base de datos de HSC 6.0, y las de la mezcla N_2+H_2 se estiman de la misma manera que en el estado 2 a partir de las Ecuaciones 3.61-3.64 con los valores de las tablas de gas ideal y de masa de H_2.

Proceso 5-6: Precalentamiento de H₂O

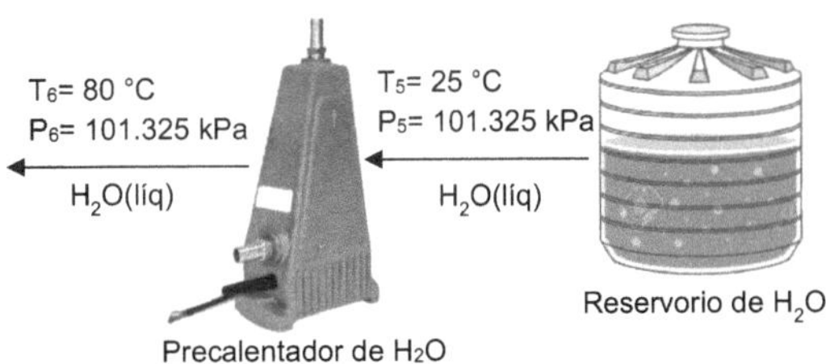

Figura 7. *Proceso 5-6: Precalentamiento de H₂O*

Previo al H_2O aOH, se requiere aumentar la temperatura a 80 °C (Herradón et al., 2019) del agua que entra al reactor. Para llevar a cabo este cometido se utiliza un precalentador como se visualiza en la Figura 6. En el proceso de calentamiento se mantiene constante la presión atmosférica al incrementar la temperatura del agua, y sus demás propiedades termodinámicas son calculadas desde Excel usando el complemento *Termotables*.

Proceso 6-7: Recuperación de reactivos NaOH y Mn₂O₃

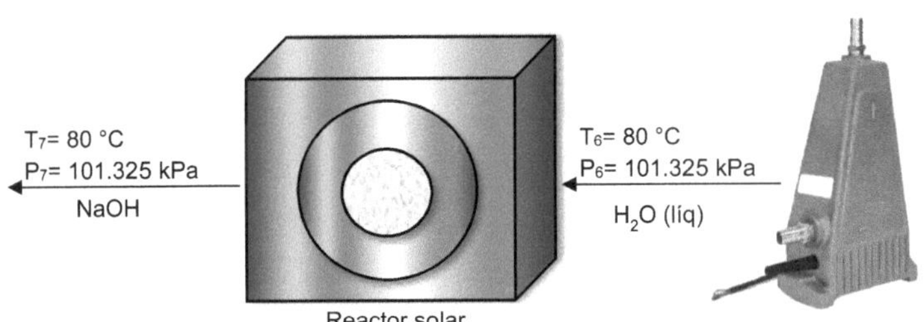

Figura 8. *Proceso 6-7: Recuperación de reactivos NaOH y Mn₂O₃*

Finalmente, al introducir agua a 80°C en el reactor, se separa del reactivo $NaMnO_2$, Mn_2O_3 y $NaOH$, como se muestra en la Figura 7. Este último se calienta para reutilizarse en el estado 3 y se genera el ciclo termoquímico.

Estos procesos se encuentran en la Figura 8 donde se esquematiza la propuesta del sistema de generación de H_2 mediante el ciclo Mn_2O_3/MnO con un sistema de control de temperatura, presión y flujo, similar al sistema de control del HoSIER; así como también los estados termodinámicos del sistema en el Apéndice A.

En el Apéndice B se muestra la hoja de cálculo que se elaboró para la estimación de la producción de hidrógeno y de los estados termodinámicos con el ciclo Mn_2O_3/MnO.

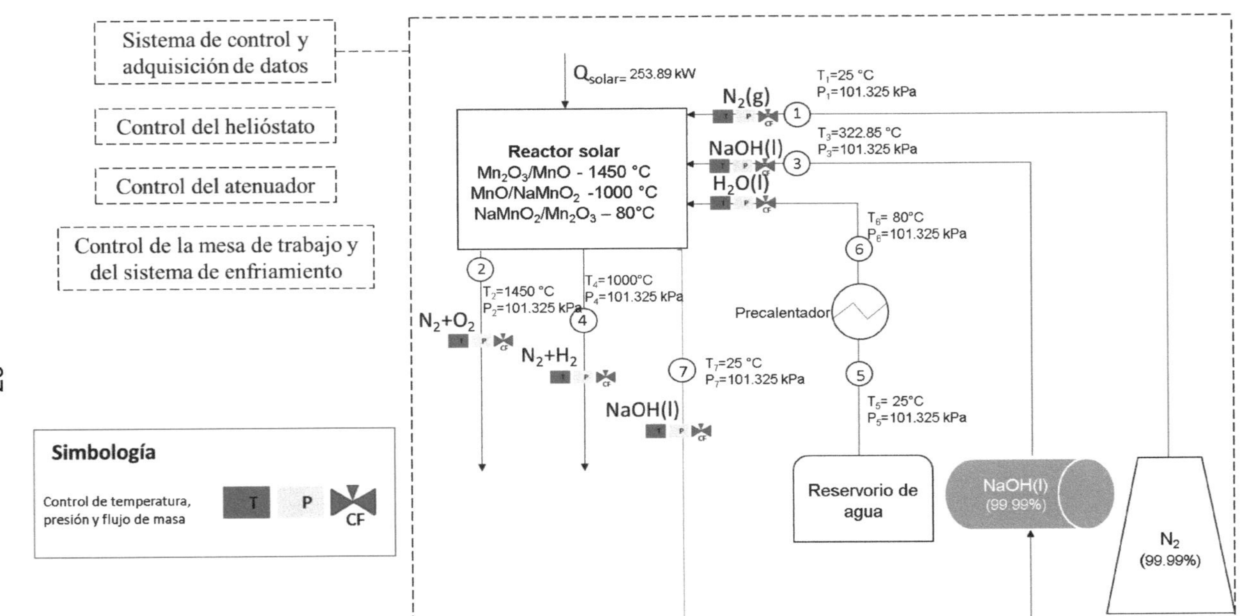

Figura 9. *Esquema del sistema de producción de H₂ mediante el ciclo termoquímico de óxido de manganeso*

3.2. Metodología para el ciclo CeO_2/ $CeO_{2-\delta}$

Considerando ahora el caso del ciclo CeO_2/$CeO_{2-\delta}$, a diferencia de Mn_2O_3/MnO, existe un mayor número de publicaciones relacionadas con el análisis termodinámico de un sistema de generación de H_2 usando CeO_2 no estequiométrico. En la actualidad, se han enfocado en mejorar la eficiencia de la energía solar a combustible ($n_{sol\ a\ combustible}$) recuperando las pérdidas de calor del reactor como se ha hecho en el trabajo de Lapp, et al., (2012). Desde un planteamiento simple del sistema, a continuación, se desarrolla la metodología para el ciclo CeO_2/$CeO_{2-\delta}$ con base en los trabajos realizados por Herradón et al. (2019) y Lapp, et al., (2012) evaluando ambos casos: 80 g de reactivo inicial y 1 mol/s de H_2 producido. Asimismo, se establece que la duración del ciclo termoquímico es de una hora (Zoller, y otros, 2022) para las estimaciones posteriores.

Suponiendo una oxidación de CeO_2 completa, $\delta_{ox}=0$, existe una dependencia funcional del coeficiente no estequiométrico δ en el paso de reducción, δ_{red}, sobre la temperatura de reducción, T_{red}, y la presión parcial del oxígeno, p_{O2}, por lo que los valores óptimos de T_{red} y p_{O2}, tomados de la literatura (Lapp, et al., 2012), son 1500 °C y 101.325×10^{-5} kPa, respectivamente. Partiendo de estos valores, se estima el valor de log (δ) y se despeja δ, es decir, δ_{red}.

3.2.1. *Estimación de H_2 producido para una cantidad fija de reactivo*

Conociendo los coeficientes no estequiométricos, el valor inicial de óxido metálico CeO_2 y asumiendo la operación estequiométrica de la reacción de oxidación, $\delta_{ox}=0$, las tasas de flujo molar del óxido metálico, gases reactantes y productos, y gas inerte están relacionados con la tasa de producción de combustible ($\dot{n}_{H_2}$) por las Ecuaciones 3.65 – 3.68

$$\dot{n}_{H_2} = \dot{n}_{CeO_2} \Delta\delta \tag{3.65}$$

$$\dot{n}_{H_2O} = \dot{n}_{H_2} \tag{3.66}$$

$$\dot{n}_{O_2} = 0.5\,\dot{n}_{H_2} \tag{3.67}$$

$$\dot{n}_{N_2} = \dot{n}_{H_2}\frac{P_{atm}}{P_{O_2}} \tag{3.68}$$

Los valores obtenidos de estas ecuaciones pueden ser comprobados como se indica enseguida. Recordando que la reacción de reducción (véase Ecuación 3.69),

$$CeO_2 \rightarrow CeO_{2\text{-}\delta} + \tfrac{\delta}{2}O_2 \quad T=1500\ ^\circ C, \tag{3.69}$$

se efectúa en el interior del reactor a 1500 °C con una corriente de gas de arrastre N_2, se calcula la masa de $CeO_{2\text{-}\delta}$ (Ecuaciones 3.70 y 3.71) como de O_2 producido (3.72 y 3.73) conociendo la masa inicial de CeO_2 y de $\delta_{red}=0.063$:

$$80\ g\ de\ CeO_2 \times \frac{1\ mol\ de\ CeO_2}{172.11\ g\ de\ CeO_2} \times \frac{1\ mol\ de\ CeO_{2\text{-}\delta}}{1\ mol\ de\ CeO_2} = 0.468\ mol\ de\ CeO_{2\text{-}\delta} \tag{3.70}$$

$$0.468\ mol\ de\ CeO_{2\text{-}\delta} \times \frac{171.11\ g\ de\ CeO_{2\text{-}\delta}}{1\ mol\ de\ CeO_{2\text{-}\delta}} = 79.53\ g\ de\ CeO_{2\text{-}\delta} \tag{3.71}$$

$$80\ g\ de\ CeO_2 \times \frac{1\ mol\ de\ CeO_2}{172.11\ g\ de\ CeO_2} \times \frac{\delta/2\,mol\ de\ O_2}{1\ mol\ de\ CeO_2} = 0.015\ mol\ de\ O_2 \tag{3.72}$$

$$0.015\ mol\ de\ O_2 \times \frac{32\ g\ de\ O_2}{1\ mol\ de\ O_2} = 0.472\ g\ de\ O_2 \tag{3.73}$$

Con respecto a la masa molar de $CeO_{2-\delta}$, anteriormente calculada, y de la reacción de oxidación (Ecuación 4.74)

$$CeO_{2\text{-}\delta} + \delta H_2O \rightarrow CeO_2 + \delta H_2 \quad T=800\ ^\circ C \tag{3.74}$$

es estimada la masa de H_2O necesitada (Ecuaciones 3.75 y 3.76) y H_2 producido (Ecuaciones 3.77 y 3.78).

$$0.468 \text{ mol de CeO}_{2\text{-}\delta} \times \frac{\delta \text{ mol de } H_2O}{1 \text{ mol de CeO}_{2\text{-}\delta}} = 0.0.29 \text{ mol de } H_2O \qquad (3.75)$$

$$0.0.29 \text{ mol de } H_2O \times \frac{18 \text{ g de } H_2O}{1 \text{ mol de } H_2O} = 0.528 \text{ g de } H_2O \qquad (3.76)$$

$$0.468 \text{ mol de CeO}_{2\text{-}\delta} \times \frac{\delta \text{ mol de } H_2}{1 \text{ mol de CeO}_{2\text{-}\delta}} = 0.029 \text{ mol de } H_2 \qquad (3.77)$$

$$0.029 \text{ mol de } H_2 \times \frac{2.016 \text{ g de } H_2}{1 \text{ mol de } H_2} = 0.0591 \text{ g de } H_2 \qquad (3.78)$$

Por tanto, se producen 0.0591 g de H_2 con 80 g de CeO_2.

3.2.2. *Estimación de la masa de reactivo requerida para generar 1 mol/s de H₂*

Considerando los parámetros del caso anterior para calcular la masa del reactivo inicial CeO_2 necesaria para producir 1 mol de H_2, de la Ecuación 4.80, $\dot{n}_{CeO_{2\text{-}\delta}}$ se despeja y se obtienen las tasas de flujo de H_2O (Ecuaciones 3.82 y 3.83), y CeO_2 (Ecuaciones 3.84 y 3.85). Así pues, se estima a partir de la reacción de oxidación (véase la Ecuación 3.79),

$$CeO_{2-\delta} + \delta H_2O \rightarrow CeO_2 + \delta H_2 \quad T = 800\ °C \qquad (3.79)$$

como se muestra a continuación:

$$1 \text{ mol de } H_2 \times \frac{1 \text{ mol de CeO}_{2\text{-}\delta}}{\delta \text{ mol de } H_2} = 15.85 \text{ mol de CeO}_{2\text{-}\delta} \qquad (3.80)$$

$$15.85 \text{ mol de CeO}_{2\text{-}\delta} \times \frac{171.11 \text{ g de CeO}_{2\text{-}\delta}}{1 \text{ mol de CeO}_{2\text{-}\delta}} = 2711.9 \text{ g de CeO}_{2\text{-}\delta} \qquad (3.81)$$

$$1 \text{ mol de } H_2 \times \frac{1 \text{ mol de } H_2O}{1 \text{ mol de } H_2} = 1 \text{ mol de } H_2O \qquad (3.82)$$

$$1 \text{ mol de } H_2O \times \frac{18 \text{ g de } H_2O}{1 \text{ mol de } H_2O} = 18 \text{ g de } H_2O \tag{3.83}$$

$$1 \text{ mol de } H_2 \times \frac{1 \text{ mol de } CeO_2}{\delta \text{ mol de } H_2} = 15.85 \text{ mol de } CeO_2 \tag{3.84}$$

$$15.85 \text{ mol de } CeO_2 \times \frac{172.11 \text{ g de } CeO_2}{1 \text{ mol de } CeO_2} = 2727.84 \text{ g de } CeO_2 \tag{3.85}$$

De igual forma, conociendo la masa molar de CeO_2, se estima la masa de O_2 como se observa en las Ecuaciones 3.87 y 3.88, a partir de la reacción de reducción, mostrada en la Ecuación 3.86.

$$CeO_2 \rightarrow CeO_{2-\delta} + {}^{\delta}/_2\, O_2 \quad T=1500\ °C \tag{3.86}$$

$$15.85 \text{ mol de } CeO_2 \times \frac{{}^{\delta}/_2 \text{mol de } O_2}{1 \text{ mol de } CeO_2} = 0.5 \text{ mol de } O_2 \tag{3.87}$$

$$0.5 \text{ mol de } O_2 \times \frac{32 \text{ g de } O_2}{1 \text{ mol de } O_2} = 16 \text{ g de } O_2 \tag{3.88}$$

Por tanto, se necesita una masa inicial de 2727.84 g de CeO_2 y 18 g de H_2O para producir 1 mol/s o 2.02 g/s de H_2.

3.2.3. *Estimación de Q_{solar} y $\eta_{sol\text{-}a\text{-}combustible}$*

Es importante señalar que, en el análisis de este sistema, al igual que en el ciclo Mn_2O_3/MnO, no se consideran pérdidas de calor, por lo que la estimación de Q_{solar} y $\eta_{sol\text{-}a\text{-}combustible}$ se realiza con la metodología de Herradón et al. (2019).

Para comenzar, el cálculo del calor de calentamiento de los reactivos ($Q_{calentamiento\ de\ reactivos}$) de la reacción de reducción CeO_2 a $CeO_{2-\delta}$, se observa en la Ecuación 3.89.

$$Q_{calentamiento\ de\ reactivos}^{CeO_2/CeO_{2-\delta}} = n_{CeO_2} \cdot Cp_{CeO_2} \cdot \Delta T_{(25°C \rightarrow 1500°C)} \tag{3.89}$$

donde n_{CeO_2} es la masa molar del reactivo en la reacción de reducción, anteriormente calculados. Cp es el calor específico y ΔT es la diferencia de temperatura en la que se efectúa la reacción.

El calor de calentamiento de CeO_2 se calcula con la ecuación de la recta, es decir, el calor específico que depende de la temperatura, mostrado en la Figura 9 como se indica en la Ecuación 3.90:

$$Q^{CeO_2/CeO_{2-\delta}}_{\text{calentamiento de reactivos}} = n_{CeO_2} \int_{T_0}^{T} Cp(T)\, dT \tag{3.90}$$

$$= n_{CeO_2} \int_{T_0=298}^{T=1773} 0.0147T + 62.822\, dT = 115,114.68$$

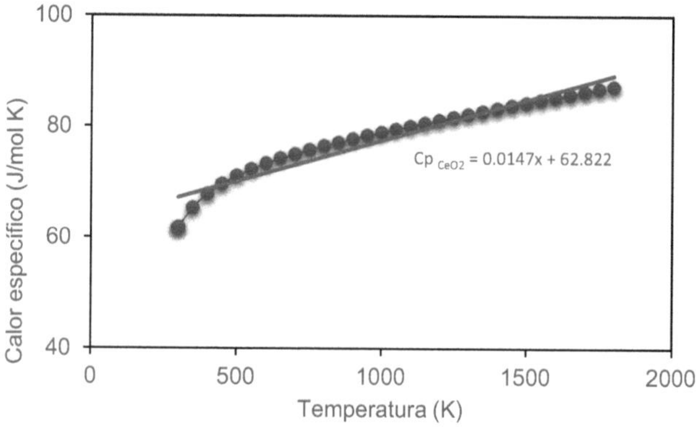

Figura 10. *Estimación del calor específico de CeO_2*

El calor necesario para calentar el gas N_2 de arrastre, $Q_{\text{Calentamiento de } N_2}$, se describe en la Ecuación 3.91.

$$Q_{\text{Calentamiento de } N_2} = n_{N_2} \cdot \Delta H|_{N_2\ 25°C\ \rightarrow 1500\ °C} \tag{3.91}$$

donde n_{N2} es la masa molar de gas N_2, la cual se calculó previamente, y $\Delta H|_{N_2\ 25°C\ \rightarrow 1500\ °C}$ es el cambio de la entalpía del gas N_2 a 1500°C y 25°C. Estos últimos datos se obtienen de las tablas de gas ideal en (Bhattacharjee, 2016).

Finalmente, se calcula el calor de reacción del paso de reducción, $Q_{reacción}^{CeO_2/CeO_{2-\delta}}$, mostrado en la Ecuación 3.92

$$Q_{reacción}^{CeO_2/CeO_{2-\delta}} = n_{H_2} \cdot \Delta H_{CeO_2/CeO_{2-\delta}}^{1500\ °C} \tag{3.92}$$

donde n_{H_2} es la masa molar de H_2 producido (previamente calculado), $\Delta H_{CeO_2/CeO_{2-\delta}}^{1500\ °C}$ es la entalpía de reacción $CeO_2/CeO_{2-\delta}$ a 1500°C Este último término se estima por separado de acuerdo con el siguiente procedimiento (Castellan, 1998).

De la reacción de reducción ($CeO_2 \rightarrow CeO_{2-\delta} + \frac{\delta}{2} O_2$), se determinan las entalpías de formación de los reactivos y productos, obtenidos desde la base de datos de HSC Chemistry v6.0, son:

$$\Delta H_{f\ CeO_2}^{\circ} = -1090.4\ kJ/mol$$

$$\Delta H_{f\ CeO_{2-\delta}}^{\circ} = -1071.1\ kJ/mol$$

$$\Delta H_{f\ O_2}^{\circ} = 0\ kJ/mol$$

Luego, se calcula la entalpía estándar de reacción como se indica en la Ecuación 3.93.

$$\Delta H_{reac,\ 25°C}^{\circ\ CeO_2 \rightarrow CeO_{2-\delta}} = \sum n\ \Delta H_f^{\circ} \text{(productos)} \sum m\ \Delta H_f^{\circ} \text{(reactivos)} \tag{3.93}$$

donde m y n representan los coeficientes estequiométricos de reactivos y productos, respectivamente. Sustituyendo los términos se tiene en la Ecuación 3.94 la entalpía estándar de reacción.

$$\Delta H^{\circ\ CeO_2 \rightarrow CeO_{2\text{-}\delta}}_{reac,\ 25°C} = \Delta H^{\circ}_{f\ CeO_{2\text{-}\delta}} - \Delta H^{\circ}_{f\ CeO_2} \tag{3.94}$$

Por otro lado, acorde con la ecuación establecida por HSC Chemistry v6.0 del C_p en función de la temperatura (Ecuación 3.95),

$$Cp = A + B \cdot (10^{-3})T + C(10^{-5})T^{-2} + D(10^{-6})T^2 \tag{3.95}$$

se obtienen los valores de A, B, C Y D de los reactivos y productos, mostrados en la Tabla 5 y se sustituyen en la Ecuación 3.95, como se observa en la Ecuaciones 3.96 y 3.97.

Tabla 5. *Valores de las variables en HSC para el cálculo de calor específico de CeO_2 y $CeO_{2\text{-}\delta}$*

	CeO_2	$CeO_{2\text{-}\delta}$
A	70.5	63.14
B	9.5	17.95
C	-10.4	-5.19
D	0	0

$$Cp_{CeO_2} = 70.5 + 9.5 \cdot (10^{-3})T - 10.4(10^{-5})T^{-2} \tag{3.96}$$

$$Cp_{CeO_{2\text{-}\delta}} = 63.14 + 17.95 \cdot (10^{-3})T - 5.19(10^{-5})T^{-2} \tag{3.97}$$

Enseguida, se sustituyen estas expresiones para obtener la integral de ΔCp de la reacción CeO_2/ $CeO_{2\text{-}\delta}$:

$$\int_{298}^{1773} \Delta Cp_{reac}^{CeO_2 \to CeO_{2\text{-}\delta}} = \int_{298}^{1773} Cp_{CeO_{2\text{-}\delta}} -$$

$$Cp_{CeO_2} = \int_{298}^{1773}\left(63.14+17.95{\cdot}(10^{-3})T - 5.19(10^{-5})T^{-2}\right) -$$

$$\left(70.5+9.5{\cdot}(10^{-3})T - 10.4(10^{-5})T^{-2}\right) = 98{,}426.3 \tag{3.98}$$

Después, se calcula la entalpía de reacción en función de la temperatura, como se observa en la Ecuación 3.99

$$\Delta H_{CeO_2 \to CeO_{2-\delta}}^{1500\,°C} = \Delta H_{reac\,,25°C}^{°\,CeO_2 \to CeO_{2-\delta}} + \int_{298.15}^{1773.15} \Delta Cp_{reac}^{CeO_2 \to CeO_{2-\delta}}\, dT \tag{3.99}$$

El resultado de la Ecuación 3.99 es reemplazado en la Ecuación 3.92 para, finalmente, obtener $Q_{reacción}^{CeO_2 \to CeO_{2-\delta}}$.

Después, se obtiene la eficiencia de absorción del reactor, el cual está dado por la Ecuación 3.100:

$$\eta_{abs} = 1 - \frac{\sigma{\cdot}T_{reactor}^4}{I{\cdot}C} = \frac{Q_{reactor}}{Q_{solar}} \tag{3.100}$$

donde $Q_{reactor}$ se calcula como se indica en la Ecuación 3.101

$$Q_{reactor} = Q_{N_2 \, de \, calentamiento} + Q_{reactivos \, de \, calentamiento}^{CeO_2 \to CeO_{2-\delta}} + Q_{reacción}^{CeO_2 \to CeO_{2-\delta}} \tag{3.101}$$

Es así como, combinando las Ecuaciones 3.100 y 3.101, Q_{solar} es obtenido como se muestra en la Ecuación 3.102

$$Q_{solar} = \frac{Q_{reactor}}{\eta_{abs}} \tag{3.102}$$

Por último, se calcula la eficiencia de energía solar a combustible para evaluar el potencial del ciclo de producción de H_2 considerando las suposiciones previamente indicadas en el ciclo de Mn_2O_3/MnO.

Finalmente, la eficiencia de sol a combustible es estimada como se indica en la Ecuación 3.103

$$\eta_{sol\ a\ combustible} = \frac{n_{H_2} \cdot HHV_{H_2}}{Q_{solar}} \qquad (3.103)$$

donde HHV_{H_2} es el poder calorífico del H_2 de 286 kJ/mol (Herradón et al., 2019).

3.2.4. *Propiedades termodinámicas del sistema de generación de H_2 del ciclo $CeO_2/\ CeO_{2-\delta}$*

A continuación, se explica el proceso para desarrollar la primera etapa del ciclo termoquímico de $CeO_2/CeO_{2-\delta}$.

Proceso 1_a-2_a: Precalentamiento de gas N_2

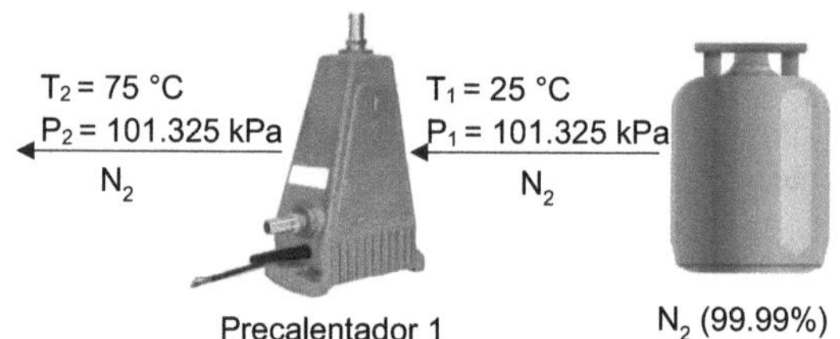

Figura 11. *Proceso 1_a-2_a: Precalentamiento de gas N_2*

El gas nitrógeno de 99.99% de pureza sale del tanque estacionario a temperatura y presión ambiente que, posteriormente, entra al precalentador 1, como se observa en la Figura 10. Este lleva a cabo un proceso isobárico $P_{1a} = P_{2a}$ y aumenta la temperatura hasta 75°C. En este caso, las propiedades termodinámicas de N_2 pueden obtenerse de tablas de gases ideales a 25 °C y 75 °C.

Flujo 2_{a1} y 2_{a2}: División de gas N_2

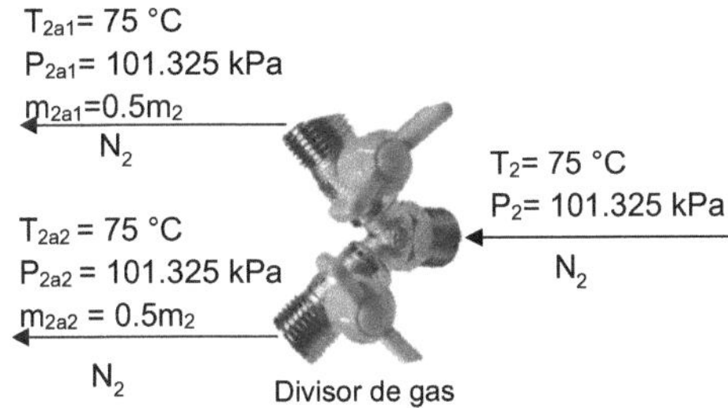

Figura 12. *Proceso 2_{a1}-2_{a2}: División de gas N_2*

El flujo 2_a se divide a la salida del precalentador en dos corrientes con la misma tasa de flujo de gas: 2_{a1} y 2_{a2}, por lo que se conservan sus propiedades termodinámicas, mostrado en la Figura 11.

Proceso 2_{a2}-3_a: Precalentamiento de gas N_2

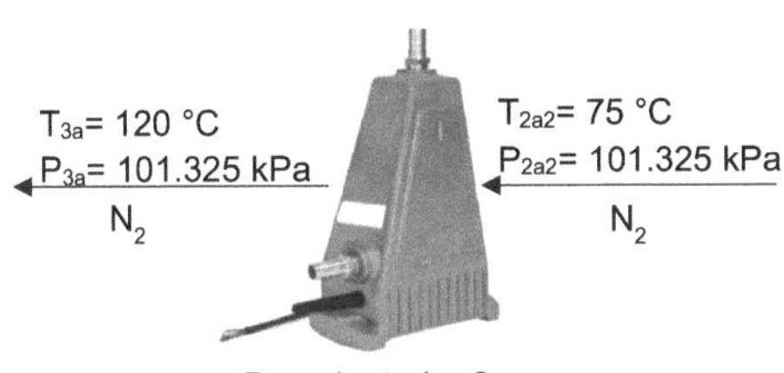

Figura 13. *Proceso 2_{a2}-3_a: Precalentamiento de gas N_2*

El flujo 2_{a2} entra en el precalentador de gas no. 2, donde se lleva a cabo un proceso isobárico $P_{2a2} = P_{3a}$, y aumenta la temperatura del flujo hasta 120 °C para calentar la corriente de alimentación de N_2, como se muestra en la Figura 12.

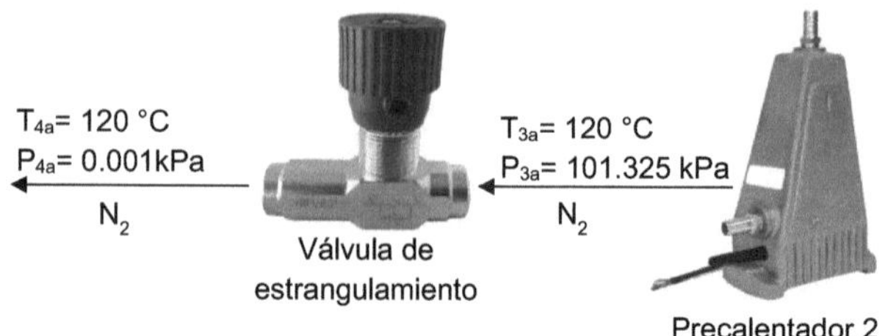

Figura 14. *Proceso 3ₐ-4ₐ: Reducción de la presión de gas N₂*

El flujo 3a pasa a través de la válvula de estrangulamiento con el propósito de disminuir su presión a la requerida en la entrada del reactor, como se ve en la Figura 13. Este dispositivo realiza un proceso isentálpico, es decir, $h_{3a}=h_{4a}$. La válvula de estrangulación es un dispositivo adiabático, de un solo flujo y abierto estacionario. Debido a la disminución de la presión, el volumen específico aumenta, por lo que se obtiene a partir de la ecuación de los gases ideales (Pv=nRT) donde R es la constante de gas de nitrógeno, R= 0.2968 kJ/kg K. Ahora bien, en la Ecuación 3.104 se obtiene la entropía del flujo 4a a la salida de la válvula de estrangulación.

$$s_2 - s_1 = C_{P,prom} \ln\frac{T_2}{T_1} - R \ln\frac{P_2}{P_1} \tag{3.104}$$

Debido a que todos los gases de este proceso se suponen como gases ideales, se considera un proceso isotérmico, por lo que $T_{3a}=T_{4a}$ =120 °C. La ecuación anterior se simplifica a la Ecuación 3.105

$$s_2 - s_1 = -R \ln\frac{P_2}{P_1} \tag{3.105}$$

Despejando s_2, se obtiene la Ecuación 3.106

$$s_2 = s_1 - R \ln\frac{P_2}{P_1} \tag{3.106}$$

Proceso 4$_a$ – 5$_a$: Oxidación de CeO$_2$

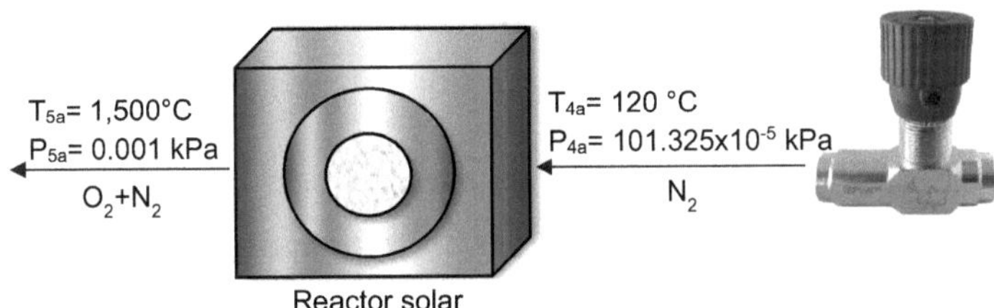

Figura 15. *Proceso 4$_a$-5$_a$: Oxidación de CeO$_2$*

Dentro del reactor, a una temperatura de 1500 °C, el flujo 4a de gas N$_2$ fluye a través del reactor como portador del producto O$_2$ de la reacción de reducción de CeO$_2$, en la primera etapa del ciclo termoquímico, como se observa en la Figura 14. La mezcla O$_2$+N$_2$ sale del reactor a la presión de entrada del reactor, es decir, P$_{4a}$=P$_{5a}$ y a una temperatura de 1500 °C.

Proceso 1$_b$-2$_b$: Generación de vapor

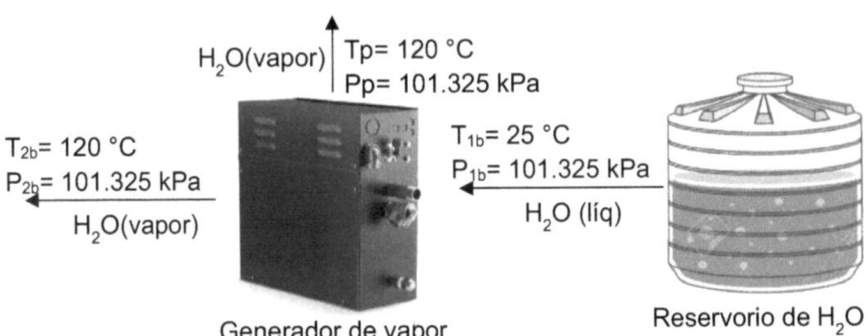

Figura 16. *Proceso 1$_b$-2$_b$: Generación de vapor*

De manera continua, en el segundo paso del ciclo, el agua (a temperatura y presión ambiente) entra al generador de vapor para generar el cambio de fase líquido a vapor a una temperatura, T$_{2b}$=120 °C para evitar la condensación de agua en el interior del reactor. Dentro del generador de vapor se lleva a cabo un proceso isobárico, es decir, $P_{1b}=P_{2b}$, tal como se muestra en la Figura 15. Suponiendo una eficiencia óptima del generador de vapor de 94%, la potencia de este dispositivo se calcula a partir de la Ecuación 3.107.

$$E_{GV} = \dot{m}(h_2 - h_1) \tag{3.107}$$

donde E_{GV} es la energía necesaria para producir vapor a 120°C, $\dot{m}$ es el flujo de agua, h_2 es la entalpía a la salida del generador y h_1 a la entrada del generador.

Proceso 2_b+2_{a1} -3m: Mezcla de gases N_2+H_2O

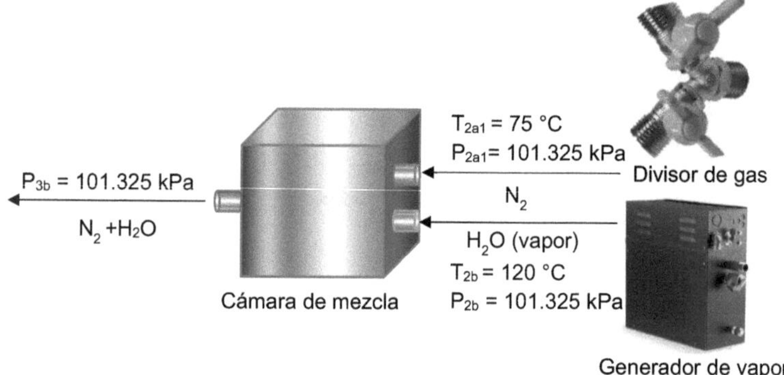

Figura 17. *Proceso 2b+2b₁-3m: Mezcla de gases N_2+H_2O*

El vapor de agua y el gas N_2 se mezclan en una cámara de mezclado a una misma presión, como se observa en la Figura 16. En ella no hay ninguna transferencia de trabajo externo y la transferencia de calor es despreciable, al igual que los cambios de la energía cinética y potencial entre las entradas y la salida (Bhattacharjee, 2016). Por esta razón y de la consideración de que ambos flujos son gases ideales, de la Ecuación 3.108, se concluye que el cambio de la energía interna en el proceso de mezclado es cero,

$$Q - W = \Delta U + \Delta EC + \Delta EP \tag{3.108}$$

Tomando en cuenta que $\Delta U = 0$, se calcula la temperatura de la mezcla a partir de la Ecuación 3.109.

$$\Delta U = \sum_k m_k C_{v_k} \Delta T \tag{3.109}$$

Al desarrollarse, se obtiene la Ecuación 3.110

$$\Delta U = m_{N_2} C_{v_{N_2}}(T_3 - T_1) + m_{H_2O} C_{v_{H_2O}}(T_2 - T_3) \tag{3.110}$$

Despejando T$_{3m}$, se tiene la Ecuación 3.111

$$T_{3m} = \frac{m_{N_2} C_{v_{N_2}} T_1 + m_{H_2O} C_{v_{H_2O}} T_2}{m_{N_2} C_{v_{N_2}} + m_{H_2O} C_{v_{H_2O}}} \tag{3.111}$$

Por otro lado, la entropía de una mezcla de gases ideales se obtiene como se mostró previamente de la Ecuación 3.64

Proceso 3m - 4m: Precalentamiento de la mezcla de los gases N_2+H_2O

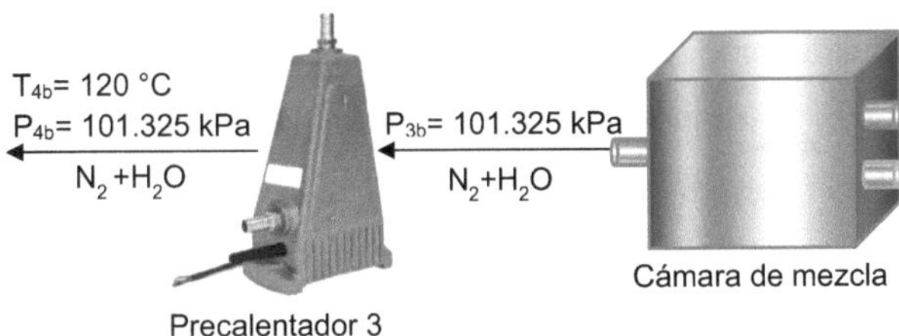

Figura 18. *Proceso 3m-4m: Precalentamiento de la mezcla de los gases N_2+H_2O*

Con el objetivo de evitar condensación dentro del reactor, la mezcla se calienta a una temperatura T$_{4m}$=120°C por medio del precalentador 3, como se ve en la Figura 17. Este proceso es isobárico, es decir, P$_{3m}$=P$_{4m}$. De la misma manera, la entalpía y entropía se calculan con las Ecuaciones 3.63 y 3.64, respectivamente.

Proceso 4m – 5m: Hidrólisis de CeO$_{2-\delta}$ (reacción de oxidación)

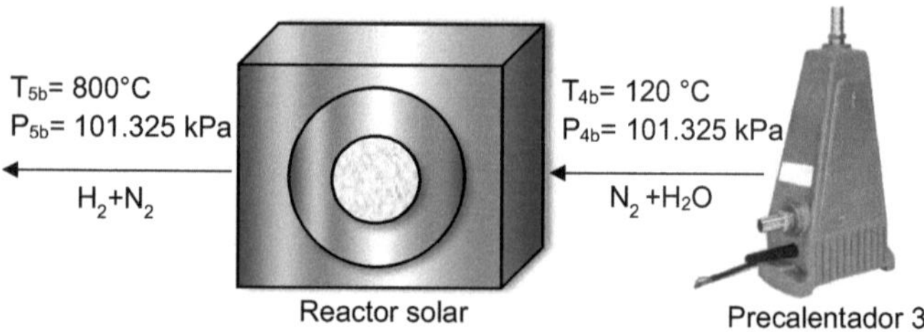

Figura 19. *Proceso 4m-5m: Hidrólisis de CeO$_{2-\delta}$*

Al llevar a cabo la reacción de oxidación dentro del reactor a una temperatura de 800°C, el agua se disocia en O_2 y H_2. El O_2 reoxida el CeO$_{2-\delta}$ reducido, y el H_2 junto con el gas N_2 como gas de arrastre salen del reactor, mostrado en la Figura 18. En este caso, la temperatura y presión del H_2+N_2 a la salida del reactor se suponen igual a la temperatura y presión de entrada de la mezcla H_2O+N_2.

Este proceso se encuentran en la Figura 19 donde se esquematiza la propuesta del sistema de generación de H_2 mediante el ciclo CeO$_2$/CeO$_{2-\delta}$ con un sistema de control de temperatura, presión y flujo, similar al sistema de control del HoSIER; así como también los estados termodinámicos del sistema en el Apéndice A.

En el Apéndice B se muestra la hoja de cálculo que se elaboró para la estimación de la producción de hidrógeno y de los estados termodinámicos con el ciclo CeO$_2$/CeO$_{2-\delta}$.

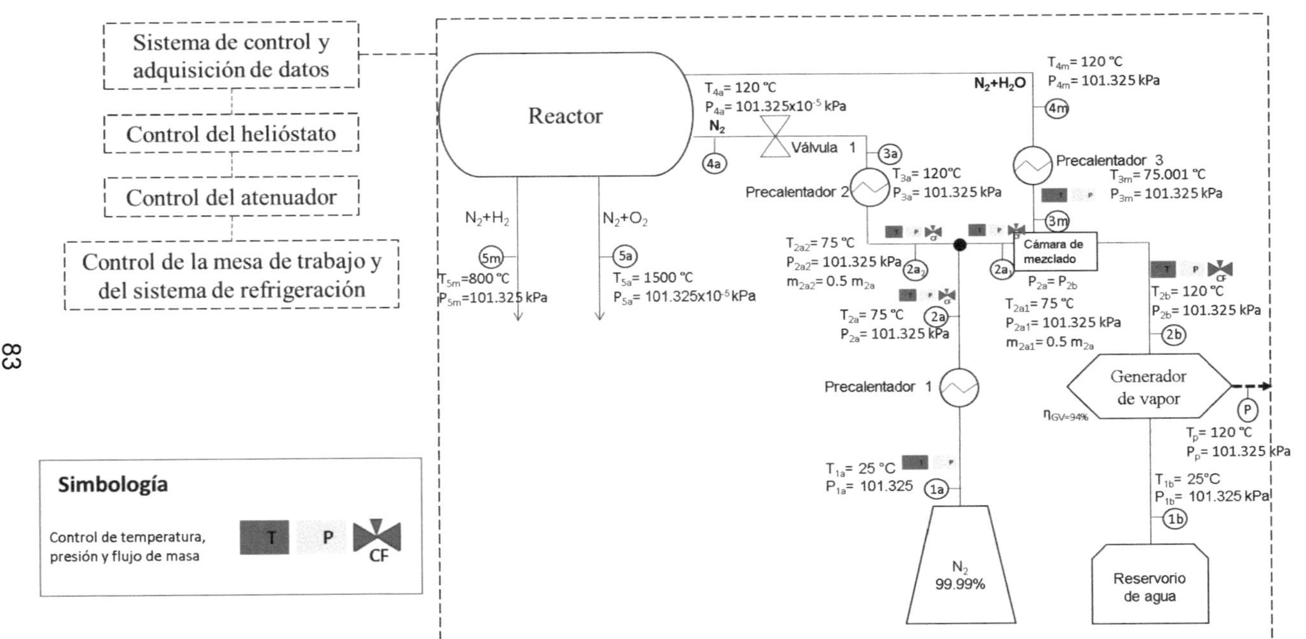

Figura 20. *Esquema del sistema de producción de H_2 mediante el ciclo termoquímico de óxido de cerio no estequiométrico*

3.3. Radiación solar

Debido a que la fuente de energía del proceso es la energía térmica solar, es vital conocer la cantidad disponible de este recurso energético para poder cuantificar el H_2 producido con los sistemas que previamente se han mostrado. Esta información es estimada a partir de la base de datos de la NASA (NASA, 2020) considerando las coordenadas geográficas (18.839076, -99.235479) del horno solar de alta temperatura en México HoSIER. Posteriormente, con el objetivo de realizar una estimación precisa de la producción de H_2 mensual y anual en condiciones reales, se estimaron las horas luz del día con irradiancia normal promedio igual o mayor a 700 W/m^2, el cual, a este nivel, el receptor del HoSIER alcanza los 1500 °C, según lo indicado por el Dr. C. Arancibia Bulnes, (comunicación personal, 19 de octubre de 2022). Es decir, la temperatura a la que se necesita para efectuar la reacción de reducción de los óxidos CeO_2 y Mn_2O_3. Entonces, multiplicando el dato obtenido por la masa de H_2 de cada caso estudiado se obtiene la cantidad mensual y, sumando el valor de cada mes, la cantidad anual de H_2 producido.

Tabla 6. *Horas luz e Irradiación máxima recibida en 18.839076, -99.235479, México*

Mes	Ene	Feb	Mar	Abr	May	Jun	Jul	Ago	Sep	Oct	Nov	Dic
Horas Luz[1]	11.15	11.55	12.03	12.57	13.02	13.23	13.15	12.77	12.27	11.73	11.27	11.03
Irradiación normal directa máx. [kWh/m^2/día][1]	8.74	9.16	9.58	8.56	7.58	6.45	6.85	6.52	5.67	7.39	8.07	8.14
Horas luz con Irradiancia mayor o igual a 700 W/m^2 [hr][2]	6	6	6	4	2	4	4	4	3	3	4	5
Días del mes	31	28	31	30	31	30	31	31	30	31	30	31
Irradiación máx. recibida [kWh/m^2/mes]	270.94	256.48	296.98	256.8	234.98	193.5	212.35	202.12	170.1	229.09	242.1	252.34
Irradiación máxima recibida [kWh/m^2/año]												2817.78

Nota: [1]Datos tomados de NASA, 2020; [2]C. Arancibia Bulnes, comunicación personal.

4. Resultados de generación de H_2 termosolar

4.1. Influencia de la masa del reactivo

La primera variación evaluada será la masa de reactivo para llevar a cabo los ciclos termoquímicos $CeO_2/CeO_{2-\delta}$ y Mn_2O_3/MnO, bajo las consideraciones mencionadas en la metodología. Los valores de masa que se estudian son 50 g, 80 g, 100 g, 150 g, 200 g, 250 g, 300 g, 325 g y 500 g. Como se puede observar en la Tabla 7, la producción de H_2 es mayor para el ciclo Mn_2O_3/MnO en comparación con el ciclo $CeO_2/CeO_{2-\delta}$ a medida que incrementa la masa de reactivo.

Tabla 7. *Influencia de la masa de reactivo*

Masa	Mn_2O_3/MnO		$CeO_2/CeO_{2-\delta}$	
	n_{H2}	m_{H2}	n_{H2}	m_{H2}
g	mol/s	kg	mol/s	kg
50	0.32	0.0006	0.016	3.24E-05
80	0.51	0.0010	0.026	5.19E-05
100	0.63	0.0013	0.032	6.49E-05
150	0.95	0.0019	0.048	9.73E-05
200	1.27	0.0026	0.064	1.30E-04
250	1.58	0.0032	0.080	1.62E-04
300	1.90	0.0038	0.097	1.95E-04
325	2.06	0.0042	0.105	2.11E-04
500	3.17	0.0064	0.161	3.24E-04

4.2. Influencia de la producción de H_2 en la masa del reactivo

De forma inversa, se evalúa cuanta masa de reactivo se necesita en cada ciclo para producir 1 mol, 5 moles, 10 moles, 50 moles, 100 moles, 150 moles, 200 moles, 250 moles, 300 moles, 325 moles y 500 moles de H_2 tal como se observa en la Tabla 8. En ella, se aprecia un incremento considerable de masa de reactivo por parte de CeO_2 de aproximadamente veinte veces más que Mn_2O_3, al margen de la cantidad de mol/s de H_2 producidos.

Tabla 8. *Influencia del H_2 generado en la masa de reactivo*

		Mn_2O_3/MnO	$CeO_2/CeO_{2-\delta}$
n_{H2}	m_{H2}	**masa**	**masa**
mol/s	kg	kg	kg
1	0.002	0.16	3.11
5	0.010	0.79	15.54
10	0.020	1.58	31.08
50	0.101	7.89	155.38
100	0.202	15.79	310.76
200	0.403	31.57	621.51
500	1.008	78.94	1,553.78

4.3. Influencia de la concentración solar en $\eta_{sol\ a\ combustible}$

Otra variable importante en la producción termoquímica de H_2 es la concentración solar, la cual se evalúa de los 1,000 soles a los 22,000 soles, como se observa en la Tabla 9. Para el caso de la concentración solar, el comportamiento de la entrada total de calor solar al ciclo (Q_{solar}) en función de la concentración solar es muy parecida en ambos ciclos, puesto que Q_{solar} disminuye levemente al aumento de la concentración solar a partir de los 17,000 soles. No obstante, los valores de Q_{solar} a esta concentración solar varían en demasía en ambos ciclos, puesto que para el ciclo Mn_2O_3/MnO, Q_{solar} es igual a 253.76 kW y para $CeO_2/CeO_{2-\delta}$ alcanza los 120,548.91 kW (para el caso de 80 g de óxido metálico). Por otra parte, para el ciclo Mn_2O_3/MnO, el flujo de calor necesario para efectuar las reacciones del ciclo ($Q_{reactor}$) de 246.29 kW es menor al del ciclo $CeO_2/CeO_{2-\delta}$ (116,574.44 kW), al margen de la concentración solar. Puede verse igualmente que, aunque la eficiencia de absorción del reactor en condiciones óptimas para ambos ciclos se asemeje, la eficiencia de energía solar a combustible ($\eta_{\text{sol a combustible}}$) es mucho menor para $CeO_2/CeO_{2-\delta}$ alcanzando por mucho el 0.00612%, tomando en cuenta la concentración del horno de alta temperatura HoSIER a 18,000 soles, en comparación de $\eta_{\text{sol a combustible}}$ de Mn_2O_3/MnO de 57.2%, lo que resulta más favorable teóricamente la producción de H_2 con el óxido de manganeso.

Tabla 9. *Influencia de la concentración solar en η_{abs} , $Q_{reactor}$, Q_{solar}*

y $\eta_{sol\ a\ combustible}$

	Mn_2O_3/MnO				$CeO_2/CeO_{2-\delta}$			
C	Q_{solar}	$Q_{reactor}$	η_{abs}	$\eta_{sol\ a\ combustible}$	Q_{solar}	$Q_{reactor}$	η_{abs}	$\eta_{sol\ a\ combustible}$
soles	kW	kW	%	%	kW x10^5	kW	%	% x10^5
1,000.00	492.48		50.01	29.43	2.65		43.95	2.78
2,000.00	328.37		75.00	44.14	1.62		71.98	4.55
4,000.00	281.47		87.50	51.49	1.36		85.99	5.43
6,000.00	268.68		91.67	53.94	1.29		90.66	5.73
8,000.00	262.71		93.75	55.17	1.25		92.99	5.87
10,000.00	259.25	246.29	95.00	55.90	1.23	116,574.44	94.40	5.96
12,000.00	257.00		95.83	56.39	1.22		95.33	6.02
14,000.00	255.41		96.43	56.74	1.21		96.00	6.06
16,000.00	254.24		96.88	57.01	1.21		96.50	6.09
18,000.00	253.33		97.22	57.21	1.20		96.89	6.12
20,000.00	252.61		97.50	57.37	1.20		97.20	6.14
22,000.00	252.021		97.73	57.51	1.20		97.45	6.15

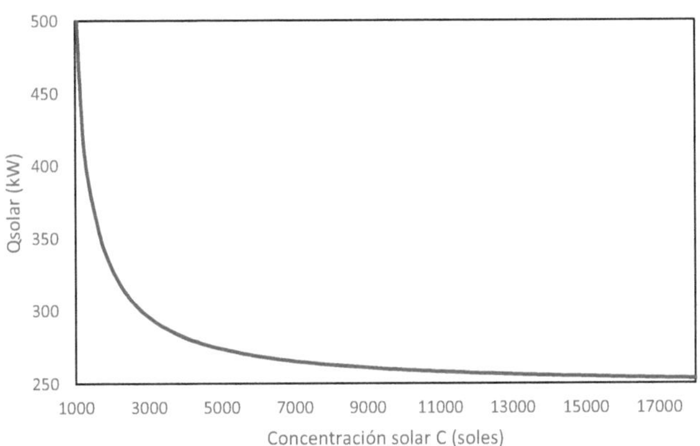

Figura 21. Q_{solar} *en función de la concentración solar para el ciclo* Mn_2O_3/MnO

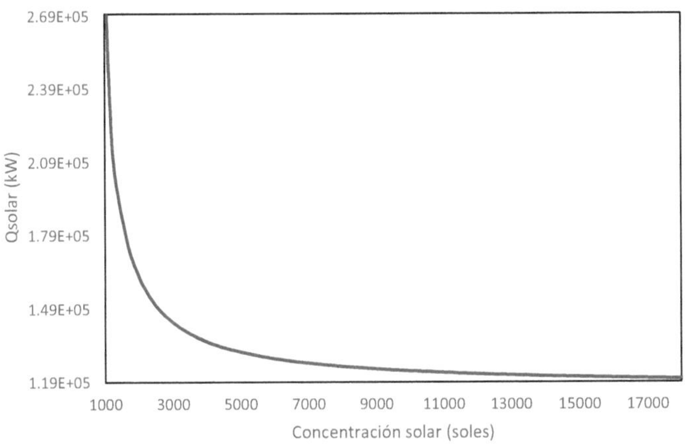

Figura 22. Q_{solar} *en función de la concentración solar para el ciclo* $CeO_2/CeO_{2-\delta}$

Esta diferencia considerable entre $\eta_{sol\ a\ combustible}$ de $CeO_2/CeO_{2-\delta}$ y Mn_2O_3/MnO se le atribuye a la cantidad de gas de arrastre N_2 y el porcentaje de calor necesario para su calentamiento ($Q_{calentamiento\ de\ N2}$). Para el ciclo

Mn$_2$O$_3$/MnO, Herradón considera el uso de tres moles de gas N$_2$ por cada mol/s producido de H$_2$. En comparación con CeO$_2$/CeO$_{2-\delta}$, la cantidad de gas inerte N$_2$ que se necesita para producir 1 mol/s de H$_2$ es de 100,000 mol/s de N$_2$ según la Ecuación 4.1 del método de Lapp, et al.(2012)

$$\dot{N}_{N_2}=\dot{n}_{H_2}\,\frac{P_{atm}}{P_{O_2}} \tag{4.1}$$

Asimismo, el 99.94% del Q$_{reactor}$ para el ciclo CeO$_2$/CeO$_{2-\delta}$ es destinado a Q$_{calentamiento\ de\ N2}$ mientras que en el caso de Mn$_2$O$_3$/MnO se utiliza el 28.29%, independientemente de la cantidad de H$_2$ generado. Es preciso mencionar que el nitrógeno se utiliza como gas portador, por lo que su función es transportar los productos gaseosos, en ambos ciclos el oxígeno, para evitar posibles fenómenos de reoxidación.

Tabla 10. *Cantidad de gas de arrastre N$_2$*

	Mn$_2$O$_3$/MnO		CeO$_2$/CeO$_{2-\delta}$	
n$_{H2}$	masa	n$_{N2}$	masa	n$_{N2}$
mol/s	kg	mol	kg	mol
1	0.16	3	3.11	1.00E5
5	0.79	15	15.54	5.00E5
10	1.58	30	31.08	1.00E6
50	7.89	150	155.38	5.00E6
100	15.79	300	310.76	1.00E7
200	31.57	600	621.51	2.00E7
500	78.94	1500	1553.78	5.00E7

Tabla 11. *Distribución de Q$_{reactor}$ para el ciclo Mn$_2$O$_3$/MnO*

n$_{H2}$	m$_{H2}$	Q$_{calentamiento\ de\ reactivos}$		Q$_{calentamiento\ de\ N2}$		Q$_{reacción\ Mn2O3/MnO}$	
mol/s	kg	kW	%	kW	%	kW	%
1	0.002	184.37	37.93	137.52	28.29	164.14	33.77

5	0.010	921.83	687.60	820.70
10	0.020	1,843.66	1,375.19	1,641.40
50	0.101	9,218.32	6,875.96	8,206.99
100	0.202	18,436.64	13,751.93	16,413.98
200	0.403	36,873.27	27,503.85	32,827.95
500	1.008	92,183.18	68,759.63	82,069.88

Tabla 12. *Distribución de $Q_{reactor}$ para el ciclo $CeO_2/CeO_{2-\delta}$*

n_{H2}	m_{H2}	$Q_{calentamiento\ de\ reactivos}$		$Q_{calentamiento\ de\ N2}$		$Q_{reacción\ CeO2/CeO2-\delta}$	
mol/s	kg	kW	%	kW	%	kW	%
1	0.002	2.63E3		4.53E6		1.18E2	
5	0.010	1.31E4		2.26E7		5.89E2	
10	0.020	2.63E4		4.53E7		1.18E3	
50	0.101	1.31E5	0.0580	2.26E8	99.94	5.89E3	2.60E-3
100	0.202	2.63E5		4.53E8		1.18E4	
200	0.403	5.25E5		9.05E8		2.35E4	
500	1.008	1.31E6		2.26E9		5.89E4	

4.4. Influencia de la presión del oxígeno (p_{O2}) a la salida del reactor

Como se comentó en la metodología, para el ciclo de $CeO_2/CeO_{2-\delta}$, el valor de p_{O2} es un factor importante en la producción de H_2, y esta variable se evalúa desde 1.01325×10^{-10} kPa hasta 1.01325 kPa. En la Tabla 13 se observa que δ_{red} es inversamente proporcional a p_{O2}, al margen de la temperatura a la que se lleve la reacción de reducción y la masa de reactivo. Este mismo fenómeno ocurre con H_2, puesto que al disminuir p_{O2}, aumenta la cantidad de gas portador N_2 para efectuar el ciclo y, a su vez, la cantidad de energía destinada para calentar este gas en el reactor $Q_{calentamiento\ de\ N2}$. Esto incrementa el flujo de calor necesario para llevar a cabo la reacción de reducción dentro del reactor ($Q_{reactor}$), así como también, la entrada total de calor solar al ciclo (Q_{solar}), logrando mejorar la producción de H_2. Por tanto, se puede decir que el aumento de presión P_{O2} a la salida del reactor no favorece el desarrollo de la reacción. Sin modificar el diseño del HoSIER aumentando el nivel de concentración solar, habría que estudiar detalladamente el coste que supone trabajar a temperaturas superiores y el ahorro generado como consecuencia de emplear aire, en vez de nitrógeno puro como gas portador, (Herradón Hernández, 2014) específicamente para el ciclo de $CeO_2/CeO_{2-\delta}$.

Tabla 13. *Influencia de la p_{O2} en la producción de H_2 para el ciclo $CeO_2/CeO_{2-\delta}$*

p_{O2}	δ_{red}	n_{N2}	$Q_{calentamientoN2}$	$Q_{reactor}$	Q_{solar}	n_{H2}
kPa		mol/s	kW	kW	kW	mol/s
1.01E-10	0.29	1.33E11	6.00E12	6.00E12	6.19E12	0.133
1.01E-9	0.27	1.24E10	5.62E11	5.62E11	5.80E11	0.124
1.01E-8	0.22	1.03E9	4.67E10	4.67E10	4.82E10	0.103
1.01E-7	0.19	8.96E7	4.06E9	4.06E09	4.19E09	0.090
1.01E-6	0.16	7.43E6	3.36E8	3.36E08	3.47E08	0.074
1.01E-5	0.11	5.34E5	2.42E7	2.42E07	2.49E07	0.053
1.01E-4	0.09	4.15E4	1.88E6	1.88E06	1.94E06	0.042
1.01E-3	0.06	2.57E3	1.17E5	1.17E05	1.20E05	0.026
1.01E-2	0.03	150.28	6800.80	6870.17	7090.97	0.015
1.01E-1	0.02	10.30	465.95	534.76	551.95	0.010
1.01	0.01	0.67	30.14	98.52	101.69	0.007

Nota. Los datos fueron calculados para una masa inicial de reactivo de 80 g y una concentración solar de 18,000 soles

4.5.   Consumo de reactivo en el paso de oxidación del ciclo

La cantidad de NaOH y H_2O utilizada en la hidrólisis de los ciclos Mn_2O_3/MnO y $CeO_2/CeO_{2-\delta}$, respectivamente, para la producción de O_2, en términos de eficiencia, es otro factor que determina la viabilidad de un sistema de generación de H_2 a nivel planta piloto.

NaOH es el reactivo que necesita el óxido Mn_3O_4 para oxidarse y, para mantener las condiciones óptimas de producción de H_2 dentro del reactor, se utiliza una vez por ciclo sin afectar el coste energético por el uso de métodos de separación de NaOH con agua. Según la cantidad de moles de H_2 que quisiese producirse, se requeriría dos veces la cantidad de NaOH por ciclo, como se indica en la Tabla 14. Por el lado del ciclo $CeO_2/CeO_{2-\delta}$, H_2O, después de su uso en el ciclo inicial, puede reciclarse y reutilizarse en los ciclos posteriores, sin la necesidad de alimentar continuamente el sistema con este recurso. Además, la cantidad en moles de H_2O utilizado por ciclo es la misma al del H_2 que desea generarse, es decir, $n_{H2} = n_{H2O}$. Dicho esto, el ciclo $CeO_2/CeO_{2-\delta}$ es considerado más factible por la parte operativa y de mantenimiento para la producción de H_2 a nivel planta piloto.

Tabla 14. *Consumo de reactivo NaOH y H_2O en el paso de oxidación*

	Mn_2O_3/MnO	$CeO_2/CeO_{2-\delta}$
n_{H2}	n_{NaOH}	n_{H2O}
mol/s	mol/s	mol/s
1	2	1
5	10	5
10	20	10
50	100	50
100	200	100
200	400	200

500	1000	500

4.6.   Equivalencias energéticas

Para poder cuantizar la cantidad de H_2 producido en términos de energía, combustible y movilidad, a continuación, se muestran en las Tablas 15 y 16 sus equivalencias basadas en el poder calorífico inferior.

Tabla 15. *Equivalencias básicas*

Masa H_2 kg	↔	H_2 (gas) Nm^3	↔	H_2 (líquido) litros	↔	Energía MJ	↔	Energía kWh
1	=	11.12	=	14.12	=	120	=	33.33
0.0899	=	1	=	1.27	=	10.8	=	3
0.0708	=	0.788	=	1	=	8.495	=	2.359
0.00833	=	0.0926	=	0.1177	=	1	=	0.278
0.03	=	0.333	=	0.424	=	3.6	=	1

Nota. Adaptada de AeH2, 2021

Tabla 16. *Equivalencias con otros combustibles*

H_2 Líquido Litros	Gasolina Litros	Gasóleo Litros	Metanol Litros
1	0.268	0.236	0.431

Nota. Adaptada de AeH2, 2021

Además, en términos de movilidad se considera que, para un vehículo con una autonomía de 100 km, se requiere aproximadamente de 1 kg de H_2 (Mejía Arango & Acevedo Alvarez, 2013).

Estas equivalencias fueron calculadas para un año de producción de H_2 con el fin de visualizarlas en montos tangibles para un sistema a nivel planta piloto. En las Tablas 17 y 18 se presentan variando mol/s de H_2 y la masa de Mn_2O_3, respectivamente.

De igual manera, pero para CeO_2, estas equivalencias se encuentran en las Tablas 19 y 20. Además, en la Tabla 21 se estiman variando la presión p_{O_2} a la salida del reactor.

Tabla 17. *Equivalencias energéticas anuales a partir de la generación de H_2 mediante el ciclo Mn_2O_3/MnO*

$n_{H2\ diario}$	$m_{H2\ anual}$	Energía	Energía	H_2 Gas	H_2 Líquido	Gasolina	Gasóleo	Metanol	Movilidad
mol/s	kg	kWh	MJ	Nm^3	Litros	Litros	Litros	Litros	km
1	3.12	104.02	374.49	34.70	44.07	11.81	10.40	18.99	312.08
5	15.60	520.08	1872.46	173.51	220.33	59.05	52.00	94.96	1560.38
10	31.21	1,040.15	3744.92	347.03	440.65	118.09	103.99	189.92	3120.77
50	156.04	5,200.76	18,724.61	1,735.15	2,203.26	590.47	519.97	949.61	15,603.84
100	312.08	10,401.52	37,449.22	3,470.29	4,406.52	1,180.95	1,039.94	1,899.21	31,207.68
200	624.15	20,803.04	74,898.43	6,940.59	8,813.05	2,361.90	2,079.88	3,798.42	62,415.36
500	1,560.38	52,007.60	187,246.08	17,351.47	22,032.62	5,904.74	5,199.70	9,496.06	156,038.40

Tabla 18. *Equivalencias energéticas anuales a partir de la masa inicial de Mn_2O_3*

m_{Mn2O3}	H_2 anual	Energía	Energía	H_2 Gas	H_2 Líquido	Gasolina	Gasóleo	Metanol	Movilidad
g	kg	kWh	MJ	Nm^3	Litros	Litros	Litros	Litros	km
50	0.99	32.94	118.61	10.99	13.96	3.74	3.29	6.02	98.84
80	1.58	52.71	189.77	17.59	22.33	5.98	5.27	9.62	158.14
100	1.98	65.89	237.22	21.98	27.91	7.48	6.59	12.03	197.68
150	2.97	98.83	355.82	32.97	41.87	11.22	9.88	18.05	296.52
200	3.95	131.77	474.43	43.96	55.82	14.96	13.17	24.06	395.36
250	4.94	164.72	593.04	54.95	69.78	18.70	16.47	30.08	494.20
300	5.93	197.66	711.65	65.95	83.74	22.44	19.76	36.09	593.04
325	6.42	214.13	770.95	71.44	90.72	24.31	21.41	39.10	642.46
500	9.88	329.43	1186.08	109.91	139.56	37.40	32.94	60.15	988.40

Tabla 19. *Equivalencias energéticas anuales a partir de la generación de H_2 mediante el ciclo $CeO_2/CeO_{2-\delta}$*

n_{H2}	$m_{H2\ anual}$	Energía	Energía	H_2 Gas	H_2 Líquido	Gasolina	Gasóleo	Metanol	Movilidad
mol/s	kg	kWh	MJ	Nm3	Litros	Litros	Litros	Litros	km
1	3.12	104.02	374.49	34.70	44.07	11.81	10.40	18.99	312.08
5	15.60	520.08	1,872.46	173.51	220.33	59.05	52.00	94.96	1,560.38
10	31.21	1,040.15	3,744.92	347.03	440.65	118.09	103.99	189.92	3,120.77
50	156.04	5,200.76	18,724.61	1,735.15	2,203.26	590.47	519.97	949.61	15,603.84
100	312.08	10,401.52	37,449.22	3,470.29	4,406.52	1,180.95	1,039.94	1,899.21	31,207.68
200	624.15	20,803.04	74,898.43	6,940.59	8,813.05	2,361.90	2,079.88	3,798.42	62,415.36
500	1,560.38	52,007.60	187,246.08	17,351.47	22,032.62	5,904.74	5,199.70	9,496.06	156,038.40

Tabla 20. *Equivalencias energéticas anuales a partir de la masa inicial de CeO_2*

m_{CeO2}	$m_{H2\ anual}$	Energía	Energía	H_2 Gas	H_2 Líquido	Gasolina	Gasóleo	Metanol	Movilidad
g	kg	kWh	MJ	Nm^3	Litros	Litros	Litros	Litros	km
50	0.05	1.67	6.03	0.56	0.71	0.19	0.17	0.31	5.02
80	0.08	2.68	9.64	0.89	1.13	0.30	0.27	0.49	8.03
100	0.10	3.35	12.05	1.12	1.42	0.38	0.33	0.61	10.04
150	0.15	5.02	18.08	1.68	2.13	0.57	0.50	0.92	15.06
200	0.20	6.69	24.10	2.23	2.84	0.76	0.67	1.22	20.09
250	0.25	8.37	30.13	2.79	3.55	0.95	0.84	1.53	25.11
300	0.30	10.04	36.15	3.35	4.25	1.14	1.00	1.83	30.13
325	0.33	10.88	39.17	3.63	4.61	1.24	1.09	1.99	32.64
500	0.50	16.74	60.26	5.58	7.09	1.90	1.67	3.06	50.21

Tabla 21. *Equivalencias energéticas anuales a partir de p_{O2} para el ciclo $CeO_2/CeO_{2-\delta}$*

p_{O2}	δ_{red}	H_2	Energía	Energía	H_2 Gas	H_2 Líquido	Gasolina	Gasóleo	Metanol	Movilidad
kPa		kg	kWh	MJ	Nm3	Litros	Litros	Litros	Litros	km
1.01E-10	0.29	0.41	13.79	49.66	4.60	5.84	1.57	1.38	2.52	41.38
1.01E-09	0.27	0.39	12.91	46.48	4.31	5.47	1.47	1.29	2.36	38.74
1.01E-08	0.22	0.32	10.74	38.67	3.58	4.55	1.22	1.07	1.96	32.23
1.01E-07	0.19	0.28	9.32	33.56	3.11	3.95	1.06	0.93	1.70	27.97
1.01E-06	0.16	0.23	7.73	27.83	2.58	3.27	0.88	0.77	1.41	23.19
1.01E-05	0.11	0.17	5.55	20.00	1.85	2.35	0.63	0.56	1.01	16.67
1.01E-04	0.09	0.13	4.32	15.55	1.44	1.83	0.49	0.43	0.79	12.96
1.01E-03	0.06	0.08	2.68	9.64	0.89	1.13	0.30	0.27	0.49	8.03
1.01E-02	0.03	0.05	1.56	5.63	0.52	0.66	0.18	0.16	0.29	4.69
1.01E-01	0.02	0.03	1.07	3.86	0.36	0.45	0.12	0.11	0.20	3.21
1.01	0.01	0.02	0.69	2.49	0.23	0.29	0.08	0.07	0.13	2.08

4.7.   Fuentes de energía renovable para la obtención de Q_{solar}

A continuación, se evalúa la entrada total de energía solar térmica para efectuar la reacción de reducción (Q_{solar}) del ciclo termoquímico de Mn_2O_3/MnO y $CeO_2/CeO_{2-\delta}$ obtenida de la energía eólica y la solar por medio de módulos fotovoltaicos. Para ello, se contemplan las equivalencias proporcionadas por González Huerta (2021), donde estiman que se necesitan 156,398 kWh para producir 1 kg de H_2 por medio del proceso de electrólisis. Esta energía obtenida con paneles fotovoltaicos equivale a una planta solar de 30-35 MW de potencia instalada y, con energía eólica, a 8 aerogeneradores de 2 MW con vientos de 12 m/s -15 m/s a 93 m de altura. Con respecto al área superficial de la planta solar, 500 MW de potencia instalada equivalen 1000 hectáreas de paneles FV instalados (Álvarez & Zafra, 2021).

Tabla 22. *Equivalencia con el proceso de electrolisis y fuentes de energía*

renovable

m_{H_2}		Energía		Planta SFV		Aerogeneradores*		Planta SFV		Área
kg	$\leftrightarrow$	kWh	$\leftrightarrow$	MW	$\leftrightarrow$	No.		MW	$\leftrightarrow$	hectáreas
1		156,398		35		8		500		1000

Nota. Aerogeneradores de 2 MW con vientos de 12 m/s -15 m/s a 93 m de altura

Se puede apreciar que la energía para producir 1 kg de H_2 mediante el ciclo Mn_2O_3/MnO equivale a la energía obtenida de una planta solar de 56 MW de potencia instalada, ocupando un área superficial de 112 hectáreas (Webteam edemx, 2011). Y con energía eólica, se requerirían de aproximadamente 13 aerogeneradores. Estos resultados muestran que el método de producción de H_2 mediante el ciclo Mn_2O_3/MnO utilizando un horno solar de alto flujo radiativo necesita un 60% más de energía que la obtenida por medio de la electrólisis.

Tabla 23. *Equivalencias de Q_{solar} para el ciclo Mn_2O_3/MnO generado con otras fuentes de energía renovable*

n_{H2}	m_{H2}	$Q_{solar}*h$	Potencia Instalada FV	Área	Aerogeneradores
mol	kg	kWh	MW	Hectáreas	No.
1	0.002	5.00E2	0.11	0.22	0.03
5	0.01	2.50E3	0.56	1.12	0.13
10	0.02	5.00E3	1.12	2.24	0.26
50	0.10	2.50E4	5.59	11.19	1.28
100	0.20	5.00E4	11.19	22.37	2.56
200	0.40	1.00E5	22.37	44.75	5.11
500	1.01	2.50E5	55.94	111.87	12.79

Nota. Los datos de Q_{solar} fueron obtenidos para un ciclo diario de Mn_2O_3/MnO en un horno solar de C=18, 000 soles

Por otro lado, el ciclo $CeO_2/CeO_{2-\delta}$ muestra una gran diferencia con respecto al ciclo anterior, debido a que, en este caso, se necesita de una planta solar mayor a 500,000 MW, o de 119,695 aerogeneradores, como se observa en la Tabla 24.

Tabla 24. *Equivalencias de Q_{solar} para el ciclo $CeO_2/CeO_{2-\delta}$ generado con otras fuentes de energía renovable*

n_{H2}	m_{H2}	$Q_{solar}*h$	Potencia Instalada FV	Área	Aerogeneradores
mol	kg	kWh	MW	Hectáreas	No.
1	0.002	4.67E6	1.05E3	2.09E3	2.39E2
5	0.01	2.34E7	5.24E3	1.05E4	1.20E3

10	0.02	4.67E7	1.05E4	2.09E4	2.39E3
50	0.10	2.34E8	5.24E4	1.05E5	1.20E4
100	0.20	4.67E8	1.05E5	2.09E5	2.39E4
200	0.40	9.35E8	2.09E5	4.18E5	4.78E4
500	1.01	2.34E9	5.24E5	1.05E6	1.20E5

Nota. Los datos de Q_{solar} fueron obtenidos para un ciclo diario de $CeO_2/CeO_{2-\delta}$ en un horno solar de C=18,000 soles

Conclusiones

En base a los estudios de Lapp, et al., (2012) y Herradón et al., (2019) para diseñar los sistemas de generación de H_2 a escala de planta piloto en México, mediante los ciclos termoquímicos $CeO_2/CeO_{2-\delta}$ y Mn_2O_3/MnO respectivamente despreciando las pérdidas de calor y sin recuperación de calor, el análisis termodinámico indica que:

- Los resultados muestran grandes diferencias entre el ciclo Mn_2O_3/MnO y el de $CeO_2/CeO_{2-\delta}$. En principio, esto sucede porque el ciclo Mn_2O_3/MnO requiere menor temperatura para llevar a cabo la etapa de reducción térmica que el ciclo $CeO_2/CeO_{2-\delta}$ (1450 °C). Por otra parte, la presión del oxígeno, en el ciclo de $CeO_2/CeO_{2-\delta}$, es un factor muy importante que afecta a la generación de H_2; si disminuye, aumenta la cantidad de gas de arrastre N_2 para efectuar el ciclo y, a su vez, la cantidad de energía destinada para calentar este gas en el reactor $Q_{calentamiento\ de\ N2}$. Esto incrementa el flujo de calor necesario para llevar a cabo la reacción de reducción dentro del reactor ($Q_{reactor}$), así como también la entrada total de calor solar al ciclo (Q_{solar}) provocando el aumento en la producción de H_2, según los resultados obtenidos.

- En cuanto a la concentración solar del horno solar de alto flujo radiativo, se muestra que, para que los ciclos Mn_2O_3/MnO a 1450° y $CeO_2/CeO_{2-\delta}$ a 1500°C lleven a cabo la reacción de reducción, el paso que necesita mayor energía, se requiere una menor cantidad de Q_{solar} para generar H_2 utilizando un horno de alto flujo radiativo a niveles de concentración solar iguales o mayores a 17,000 soles. Por lo que, en el horno solar mexicano, HoSIER, del Instituto de Energías

Renovables, México, con su nivel de concentración solar a 18,000 soles, puede efectuar la reacción de reducción de manera óptima para ambos ciclos.

- Al margen de la cantidad de H_2 producido y la concentración solar, Q_{solar} del ciclo $CeO_2/CeO_{2-\delta}$ es mayor al de Mn_2O_3/MnO. Este comportamiento perjudica, por un lado, su eficiencia de energía solar a combustible ($\eta_{sol\ a\ combustible}$) como se observa en el caso inicial donde, al utilizar 80 g de óxido metálico en el reactor del HoSIER a una concentración de 18,000 soles, $\eta_{sol\ a\ combustible}$ es de 57.2% y menor a 0.01% para los ciclos de Mn_2O_3/MnO y $CeO_2/CeO_{2-\delta}$, respectivamente. Además, con las características ópticas del HOSIER en condiciones climáticas óptimas, y una masa fija de reactivo, Mn_2O_3/MnO produce más H_2 con una cantidad de reactivo 20 veces menor a la del ciclo $CeO_2/CeO_{2-\delta}$.

- Con respecto a la etapa de producción de H_2, en la reacción de oxidación del ciclo termoquímico, se muestra un mayor consumo de reactivo NaOH en el ciclo Mn_2O_3/MnO con 2 moles para producir 1 mol de H_2 que en el ciclo $CeO_2/CeO_{2-\delta}$, 1 mol de H_2O por mol de H_2.

- En comparación con la electrólisis, los resultados indican que la generación de 1 kg de H_2 mediante los ciclos termoquímicos de Mn_2O_3/MnO y $CeO_2/CeO_{2-\delta}$ requieren 60% y 15,000%, respectivamente, más energía para llevar a cabo las reacciones de cada ciclo. Adquirida de otras fuentes renovables, para el ciclo Mn_2O_3/MnO esta energía equivale a una planta solar de 56 MW de potencia instalada con un área superficial de 112 hectáreas y a la obtenida por 13 aerogeneradores de 2 MW con vientos de 12 m/s -

15 m/s a 93 m de altura. Y, para el ciclo $CeO_2/CeO_{2-\delta}$ es equivalente a una planta solar mayor a 500,000 MW, así como también a 119,695 aerogeneradores.

- A la vista de los resultados obtenidos se puede decir que el ciclo Mn_2O_3/MnO presenta ventajas termodinámicas que le hacen muy atractivo para ser combinado con energía solar concentrada. Así, la temperatura requerida para llevar a cabo la reducción térmica, menor que la del ciclo de $CeO_2/CeO_{2-\delta}$, reduce los requerimientos energéticos y facilita la elección de materiales para la construcción del reactor solar. Todo ello conduce a una mayor eficiencia global del reactor. Sin embargo, consta de una etapa adicional con respecto a los habituales de dos etapas, la de recuperación de reactivos, que es la que presenta las mayores limitaciones en cuanto a la viabilidad de este ciclo, dada la dificultad que existe para separar el NaOH al terminar la reacción de disociación del agua. Este paso afecta el rendimiento del proceso, por consiguiente, para un sistema a nivel industrial resulta más conveniente un solo uso por ciclo. No obstante, la alimentación constante de reactivo NaOH y el tercer paso del ciclo tornan ineficiente la operación y mantenimiento del sistema. Por ello, se considera conveniente continuar la investigación sobre la mejora del proceso de forma que el resultado de este ciclo termoquímico sea viable desde el punto de vista industrial.

- Al contrario del ciclo Mn_2O_3/MnO, $CeO_2/CeO_{2-\delta}$ resulta ineficiente la generación de H_2 con el sistema propuesto. Para mejorar su eficiencia, es necesario incluir la recuperación de calor de las reacciones de reducción y oxidación en el sistema y llevar a cabo el ciclo a   una presión p_{O_2} menor a la comúnmente utilizada en la literatura (101.325×10^{-5} kPa). Además, considerar el uso de aire como gas portador, evaluar su eficiencia y validarlo experimentalmente.

Bibliografía

Abanades, S. (2019). Metal oxides applied to thermochemical water-splitting for hydrogen production using concentrated solar energy. *ChemEngineering*, 1-28.

Abanades, S., & Flamant, G. (2006). Thermochemical hydrogen production from a two-step solar-driven water-splitting cycle based on cerium oxides. *Solar Energy*, 1611-1623.

AeH2. (2021). *Hidrógeno*. Retrieved from https://www.aeh2.org/en/hydrogen/

Alba Moreno, J. (2012, Julio 19). *Energia y fisica*. Retrieved from Biofotólisis: http://jonathan-alba.blogspot.com/2012/07/biofotolisis.html

Álvarez , C., & Zafra, M. (2021, Enero 23). *El País*. Retrieved from https://elpais.com/clima-y-medio-ambiente/2021-01-23/cuanto-ocupan-las-megacentrales-solares-investigadores-alertan-del-impacto-del-boom-fotovoltaico.html

Bader, Venstrom, et al. (2013). Thermodynamic analysis of isothermal redox cycling of ceria for solar fuel production. *Energy & fuels*, 1-43.

Banco Mundial. (2021). *Consumo de energía procedente de combustibles fósiles (% del total)*. Retrieved Mayo 30, 2021, from https://datos.bancomundial.org/indicator/EG.USE.COMM.FO.ZS

Bayón et al. (2013). Influence of structural and morphological characteristics on the hydrogen production and sodium recovery in the NaOH-MnO thermochemical cycle. *International Journal of Hydrogen Energy*, 13143 - 13152.

Bhattacharjee, S. (2016). *Termodinámica*. Ciudad de México: Pearson.

Bhosale, R. R., Takalkar, G., Sutar, P., Kumar, A., AlMomani, F., & Khraisheh, M. (2019). A decade of ceria based solar thermochemical H2O/CO2 splitting cycle. *International Journal of Hydrogen Energy*, 34-60.

Brey Sánchez , J. (2020, Marzo 4). Aplicaciones y usos del hidrógeno. Madrid, España.

Campana Prada, R. (2021, Mayo 28). Hidrógeno en el sector del transporte: producción, almacenamiento, distribución y uso. México. Retrieved from https://www.facebook.com/UAJ.II.UNAM/videos/979248789281636

Carrasco Cerca, D. (s.f.). *e-Reding: Trabajos y proyectos fin de estudios de la E.T.S.I.* Retrieved Diciembre 29, 2019, from Análisis Termoeconómico de una planta de Cogeneración con Biomasa: http://bibing.us.es/proyectos/abreproy/3949/fichero/cap%C3%ADtulos%2 52F4.+AN%C3%81LISIS+TERMOECON%C3%93MICO.pdf

Castellan, G. W. (1998). *Fisicoquímica* (segunda ed.). México: Addison Wesley Longman.

Chang, R. (2010). *Química.* Ciudad de México: McGraw-Hill.

Charvin et al. (2006). Screening and testing of promising solar thermochemical water splitting cycles for hydrogen production. *WHEC, 16*, 13-16.

Charvin et al. (2007). Hydrogen Production by three-step solar thermochemical cycles using hidroxides and metal oxide systems. *Energy & Fuels*, 2919-2928.

Cho et al. (2014). Solar demonstration of thermochemical two-step water splitting cycle using CeO2/MPSZ ceramic foam device by 45kWth KIER solar furnace. *Energy Procedia*, 1922 – 1931.

Cho et al. (2015). Improved operation of solar reactor for two-step water-splitting H2 production by ceria-coated ceramic foam device. *International Journal of Hydrogen Energy*, 114-124.

Cho et al. (2020). Experimental study of Mn-CeO2 coated ceramic foam device for two-step water splitting cycle hydrogen production with 3kW sun-simulator. *AIP Publishing*, 170004-1-170004-8.

Chueh, W., & Haile, S. (2010). A thermochemical study of ceria: exploiting an old material for new modes of energy conversion and CO2 mitigation. *The Royal Society, 368*, 3269–3294. doi:10.1098/rsta.2010.0114

Chueh, W., Falter, C., Abbott, M., Scipio, D., Furler, P., Haile, S., & Steinfeld, A. (2010). High-Flux Solar-Driven Thermochemical Dissociation of CO2 and H2O Using Nonstoichiometric Ceria. *Science, 330*, 1797-1801.

Contreras Martínez, G. (2015). *Evaluación fotoelectroquímica de películas delgadas de compuestos de coordinación.* Retrieved from https://tesis.ipn.mx/handle/123456789/20125

Dincer, I., & Joshi, A. S. (2013). *Solar Based Hydrogen Production Systems.* Nueva York: Springer.

EERE. (n.d.). *H2@Scale*. Retrieved from https://www.energy.gov/eere/fuelcells/h2scale

Ercros. (2006, Abril 01). *Ficha de datos de seguridad: Hidróxido de sodio (disolución).* Retrieved from https://www.ecosmep.com/cabecera/upload/fichas/6251.pdf

Ferrari, L. (2021, Abril 27). Primer Webinario Transición Energética Justa y Sustentable. México. Retrieved from https://www.youtube.com/watch?v=62G0UIyQWBU

Global Solar Atlas. (2021, Junio 19). *Map and data downloads*. Retrieved from Direct normal irradiation: https://globalsolaratlas.info/download/mexico

Gokon, et al. (2013). Comparative study of activity of cerium oxide at thermal reduction temperatures of 1300-1550 °C for solar thermochemical two-step water-splitting cycle. *International Journal of Hydrogen Energy*, 14402-14414.

González Huerta, R. (2021, Abril 30). Desarrollo de las tecnologías del hidrógeno en México: retos y perspectivas. México. Retrieved from https://www.facebook.com/UAJ.II.UNAM/videos/505606500604556

Greenpeace México. (Abril de 2021). *¿Cómo afectan los combustibles fósiles a la salud humana?* Obtenido de https://www.greenpeace.org/mexico/blog/9853/como-afectan-los-combustibles-fosiles-a-la-salud-humana/

Haeussler, A., Abanades, S., Jouannaux, J., Drobek, M., Ayral, A., & Julbe, A. (2019). Recent progress on ceria doping and shaping strategies for solar thermochemical water and CO2 splitting cycles. *AIMS Materials Science*, 657–684. doi:10.3934/matersci.2019.5.657

Herradón et al. (2019). Experimental assessment of th cyclability of the Mn2O3/MnO thermochemical cycle for solar hydrogen production. *International Journal of Hydrogen Energy*, 91-100.

Herradón Hernández, C. (2014). Producción de hidrógeno a partir de energía solar concentrada mediante el ciclo termoquímico Mn2O3/MnO. *(Tesis de doctorado).* Universidad Rey Juan Carlos, Madrid.

Hoskins, A. L., Millican, S. L., Czernik, C. E., Alshankiti, I., Netter, J. C., Wendelin, T. J., . . . Weimer, A. W. (2019). Continuous on-sun solar thermochemical hydrogen production via an isothermal redox cycle. *Applied Energy*, 368-376.

Hydrogenics. (2019, Febrero 21). *State of play and developments of power-to-hydrogen technologies.* Retrieved from https://etipwind.eu/wp-content/uploads/A2-Hydrogenics_v2.pdf

IEA. (2019, Noviembre 18). *Global demand for pure hydrogen, 1975-2018.* Retrieved from https://www.iea.org/data-and-statistics/charts/global-demand-for-pure-hydrogen-1975-2018

IMP. (2018). *Reporte de Inteligencia Tecnológica: Energía Termosolar.* Retrieved from https://www.gob.mx/cms/uploads/attachment/file/341706/IT_TERMOSOLAR_Final_Rev_1.pdf

IRENA. (2015, Mayo). *Renewable Energy Prospects: Mexico.* Retrieved from https://www.irena.org/publications/2015/May/Renewable-Energy-Prospects-Mexico

IRENA. (2018). *Hydrogen from renewable power: technology outlook for the energy transition .* Retrieved from https://www.irena.org/publications/2018/sep/hydrogen-from-renewable-power

Jaramillo, O. A. (s.f.). *Energía solar térmica de mediana temperatura para calor de proceso.* Retrieved from https://www.ier.unam.mx/~ojs/pub/Enernight/Energia%20Solar%20Calor%20Proceso%20OJS.pdf#page82

Joardder, et al. (2017). Chapter Eight - Solar Pyrolysis: Converting Waste Into Asset Using Solar Energy. *Clean Energy for Sustainable Development*, 213-235.

Kodama, T., & Gokon, N. (2007). Thermochemical cycles for high-temperature solar hydrogen production. *Chem. Rev.*, 4048-4077.

Kreider, P. B., Funke, H. H., Cuche, K., Schmidt, M., Steinfeld, A., & Weimer, A. W. (2011). Manganese oxide based thermochemical hydrogen production cycle. *International Journal of Hydrogen Energy*, 7028- 7037.

Kumar Ghosh, S. (2020). Diversity in the family of manganese oxides at the nanoscale : from fundamentals to applications. *ACS OMEGA*, 25493-25504.

LACYQS "UNAM" CONACyT. (2013, Agosto 28). *Horno Solar de Alto Flujo Radiativo (HoSIER) (corto)*. Retrieved from https://www.youtube.com/watch?v=FrtbPYmxKYM

LACYQS. (2015). *Horno Solar de Alto Flujo Radiativo (HoSIER)*. Retrieved from http://www.concentracionsolar.org.mx/instalaciones/horno-solar-de-alto-flujo-radiativo-hosier

Lapp, et al. (2012). Efficiency of two-step solar thermochemical non-stoichiometric redox cycles with heat recovery. *Energy*, 591-600.

Li, R., & Li, C. (2017). Chapter one - photocatalytic water splitting on semiconductor-based photocatalysts. *Advances in Catalysis*, 1-57.

Lin, M., & Haussener, S. (2015). Solar fuel processing efficiency for ceria redox cycling using alternative oxygen partial pressure reduction methods. *Energy*, 1-13.

Liu, et al. (2019). Research advances towards large-scale solar hydrogen production from water. *EnergyChem*, 100014.

Lozano, M. A., & Valero, A. (1993). Theory of the exergetic cost. *Energy, 18*(9), 939-960.

Marugán et al. (2012). Study of the first step of the Mn2O3/MnO thermochemical cycle for solar hydrogen production. *International Journal of Hydrogen Energy*, 7017–7025.

Marugán et al. (2014). Study of the hydrogen production step of the Mn2O3/MnO thermochemical cycle. *International Journal of Hydrogen Energy*, 5274-5282.

Mejía Arango , J., & Acevedo Alvarez, C. (2013). Proyección al año 2025 para el uso del hidrógeno en el sector transporte del Valle de Aburrá. *Scientia et Technica, 18*(2), 327-334. doi:10.22517/23447214.8743

Montes, et al. (2010). Producción de hidrógeno a partir de energía solar. *Centro de Análisis de Desarrollo Energético Sostenible FFII, grupo de termotecnia, ETSII-UPM.*

Moreno, P. C. (2018). *Conception production and application of a photosynthetic process for the hydrogen production from whey*. Retrieved from https://tel.archives-ouvertes.fr/tel-01859398/document

NASA. (2020, Febrero 25). *POWER Data Access Viewer*. Retrieved from https://power.larc.nasa.gov/data-access-viewer/

OECD SIDS. (2002). *Sodium hydroxide* . Portugal : UNEP Publications .

OMM. (2020). *Boletín de la OMM sobre los gases de efecto invernadero.* Obtenido de https://library.wmo.int/index.php?lvl=notice_display&id=21819#.YLQuWah KjlU

ONU. (2021). *El papel de los combustibles fósiles en un sistema energético sostenible*. Retrieved from https://www.un.org/es/chronicle/article/el-papel-de-los-combustibles-fosiles-en-un-sistema-energetico-sostenible#:~:text=Los%20combustibles%20f%C3%B3siles%20comprend en%20el,emisiones%20globales%20de%20CO2.

Orfila, M., Linares, M., Molina, R., Marugán, J., Botas, J. Á., & Sanz , R. (2020). Hydrogen production by water splitting with Mn3-xCoxO4 mixed oxides thermochemical cycles: A thermodynamic analysis. *Energy Conversion and Management*, 1 -11.

Panlener, et al. (1975). A thermodynamic study of nonstoichiometric cerium dioxide. *Journal of Physics and Chemistry of Solids*, 1213-1222.

Pérez Enciso , R. (2015). Caracterización óptica y térmica del horno solar del
IER. *(Tesis de doctorado).* Universidad Nacional Autónoma de México,
Temixco.

Poudyal et al. (2015). Hydrogen production using photobiological methods.
Compendium of Hydrogen Energy, 289–317.

Red Nacional del Hidrógeno. (2011). *Antecedentes.* Obtenido de
http://www.rnh2.org/4.html

Ríos Alzate , F. J. (2016). *Análisis termoeconómico de un sistema de
generación de energía eléctrica a partir de la gasificación de biomasa.*
Retrieved Diciembre 29, 2019, from
https://repository.unilibre.edu.co/bitstream/handle/10901/9817/An%C3%A
1lisis%20termoecon%C3%B3mico%20de%20un%20sistema%20de%20g
eneraci%C3%B3n%20de%20energ%C3%ADa%20el%C3%A9ctrica%20a
%20partir%20de%20la%20gasificac.pdf?sequence=1&isAllowed=y

Roeb, M., Säck, J.-P., Rietbrock, P., Prahl, C., Schreiber, H., & Neises, M.
(2011). Test operation of a 100 kW pilot plant for solar hydrogen
production from water on a solar tower. *Solar Energy*, 634–644.

SENER. (2021). *Balance Nacional de Energía 2020.* Retrieved from
https://www.gob.mx/cms/uploads/attachment/file/707654/BALANCE_NAC
IONAL_ENERGIA_0403.pdf

Steinfeld, A., & Palumbo, R. (2001). Solar Thermochemical Process
Technology. *Encyclopedia of Physical Science & Technology*, 237-256.

Sturzenegger, M., & Nüesch, P. (1998). Efficiency analysis for a manganese-
oxide-based thermochemical cycle. *Energy*, 959-970.

Varsano, F., Bellusci, M., Alvani, C., La Barbera, A., Padella, F., &
Seralessandri, L. (2009). Optimized reactants mixture and products

hydrolysis in the manganese oxide thermochemical cycle. *ASME 3rd International Conference on Energy Sustainability*, 1-5.

Villa, K. (2013). *Estudio de la producción de hidrógeno mediante fotocatálisis heterogénea.* Retrieved from https://ddd.uab.cat/pub/tesis/2013/hdl_10803_125976/kvg1de1.pdf

Villafán-Vidales, et al. (2017). An overview of the solar thermochemical processes for hydrogen and syngas production: Reactors, and facilities. *Renewable and Sustainable Energy Reviews*, 894-908.

Webteam edemx. (2011, Julio). *Edificios de México.* Retrieved Abril 11, 2022, from https://www.edemx.com/citymex/estadios/E_Azteca.html#:~:text=El%20E stadio%20y%20su%20historia%3A&text=Superficie%20de%20construcci %C3%B3n%20de%2063%2C590,de%20concreto%20pesa%20100%2C0 00%20toneladas.

Weimer, A. (2007). II. F. 2 Fundamentals of a solar-thermal hydrogen production process using a metal-oxide based thermochemical water splitting cycle. *DOE Contract No. DE-FG36-03GO13062*, 136-139.

Weimer, A. (2008). II.I.3 Solar-Thermal Hydrogen Production Using a Metal-Oxide Based Thermochemical Water Splitting Cycle. *DOE Contact No. DE-FG36-05GO15044*, 260-263.

Yadav, D., & Banerjee, R. (2016). A review of solar thermochemical processes. *Renewable and Sustainable Energy Reviews*, 497–532.

Zoller, S., Koepf, E., Nizamian, D., Stephan, M., Patané, A., Haueter, P., Steinfeld, A. (2022). A solar tower fuel plant for the thermochemical production of kerosene from H2O and CO2. *Joule, 6*(7), 1606–1616. doi:https://doi.org/10.1016/j.joule.2022.06.012

Apéndice A

Propiedades termodinámicas de los ciclos Mn_2O_3/MnO y $CeO_2/CeO_{2-\delta}$

Tabla 25. *Propiedades termodinámicas del ciclo Mn_2O_3/MnO*

Estado 1		Estado 2		Estado 3		Estado 4		Estado 5		Estado 6		Estado 7	
N_2		N_2+O_2		NaOH(l)		N_2+H_2		H_2O		H_2O		NaOH(l)	
P_1 (kPa)	101.3	P_2 (kPa)	101.3	P_3 (kPa)	101.325	P_4 (kPa)	101.3	P_5 (kPa)	101.3	P_6 (kPa)	101.3	P_7 (kPa)	101.3
T_1 (°C)	25	T_2 (°C)	1450	T_3 (°C)	322.85	T_4 (°C)	1000	T_5 (°C)	25	T_6 (°C)	80	T_7 (°C)	25
v_1 (m^3/kg)	0.873	v_2 (m^3/kg)	422.74	v_3 (m^3/kg)	0.0005	v_4 (m^3/kg)	561.68	v_5 (m^3/kg)	0.001	v_6 (m^3/kg)	0.001	v_7 (m^3/kg)	0.00046
h_1 (kJ/kg)	0	h_2 (kJ/kg)	1675.05	h_3 (kJ/kg)	159	h_4 (kJ/kg)	1503.12	h_5 (kJ/kg)	104.93	h_6 (kJ/kg)	334.99	h_7 (kJ/kg)	-417.12
s_1 (kJ/kg K)	6839.35	s_2 (kJ/kg K)	8.715	s_3 (kJ/kg K)	0.2681	s_4 (kJ/kg K)	10.25	s_5 (kJ/kg K)	0.367	s_6 (kJ/kg K)	1.07	s_7 (kJ/kg K)	75.5

Tabla 26. *Propiedades termodinámicas del ciclo $CeO_2/CeO_{2-\delta}$*

1era etapa Reacción de reducción (liberación de O2)

Estado 1a-N_2(g)		Estado 2a-N_2(g)		Estado 2a1-N_2(g) T-R		Estado 2a2-N_2(g) W-S		Estado 3a-N_2(g)		Estado 4a		Estado 5a	
T_{1a} [°C]	25	T_{2a} [°C]	75	T_{2a1} [°C]	75	T_{2a2} [°C]	75	T_{3a} [°C]	120	T_{4a} [°C]	120	T_{5a} [°C]	1500
P_{1a} [kPa]	101.32	P_{2a} [kPa]	101.325	P_{2a1} [kPa]	101.325	P_{2a2} [kPa]	101.32	P_{3a} [kPa]	101.32	P_{4a} [kPa]	1.01E-3	P_{5a} [kPa]	1.01E-3
v_{1a} [m^3/kg]	0.873	v_{2a} [m^3/kg]	1.0198	v_{2a1} [m^3/kg]	1.020	v_{2a2} [m^3/kg]	1.020	v_{3a} [m^3/kg]	1.152	v_{4a} [m^3/kg]	115161.03	v_{5a} [m^3/kg]	5.19E11
h_{1a} [kJ/kg]	0	h_{2a} [kJ/kg]	52.035	h_{2a1} [kJ/kg]	52.035	h_{2a2} [kJ/kg]	52.035	h_{3a} [kJ/kg]	98.939	$h4_a$ [kJ/kg]	98.939	h_{5a} [kJ/kg]	1715.196
s_{1a} [kJ/kgK]	6.839	s_{2a} [kJ/kgK]	7.001	s_{2a1} [kJ/kgK]	7.001	s_{2a2} [kJ/kgK]	7.001	s_{3a} [kJ/kg K]	7.127	s_{4a} [kJ/kgK]	10.544	s_{5a} [kJ/kgK]	8.845

2era etapa Reacción de oxidación (disociación de H2O)

Estado 1b-H_2O(l)		Estado 2b-H_2O(vapor)		Estado 3m-H_2O(g)+N_2(g)		Estado 4m		Estado 5m		Generador de vapor	
T_{1b} [°C]	25	T_{2b} [°C]	120	T_{3m} [°C]	75.001	T_{4m} [°C]	120	T_{5m} [°C]	800	Evapor (pérdidas) [kJ]	1.28276488
P_{1b} [kPa]	101.325	P_{2b} [kPa]	101.325	P_{3m} [kPa]	101.325	P_{4m} [kPa]	101.325	P_{5m} [kPa]	101.325	Pérdidas	0.06
v_{1b} [m^3/kg]	0.001	v_{2b} [m^3/kg]	1.7695	v_{3m} [m^3/kg]	1.020	v_{4m} [m^3/kg]	1.152	v_{5m} [m^3/kg]	3.145	mpérdidas	2.9471E-5
h_{1b} [kJ/kg]	104.929	h_{2b} [kJ/kg]	2716.4707	h_{3m} [kJ/kg]	52.039	h_{4m} [kJ/kg]	98.943	h_{5m} [kJ/kg]	852.390		
s_{1b} [kJ/kg K]	0.367	s_{2b} [kJ/kg K]	7.4613	s_{3m} [kJ/kg K]	7.001	s_{4m} [kJ/kg K]	7.127	s_{5m} [kJ/kg K]	8.228		

Apéndice B

Hoja de cálculo para la estimación de la producción de hidrógeno con el ciclo termoquímico Mn_2O_3/MnO

<table>
<tr><td colspan="6" align="center">1era etapa: Reacción de reducción</td></tr>
<tr><td colspan="6" align="center">Estado 1 (N2 gas)</td></tr>
<tr><td>Consideración</td><td colspan="5" align="center">Se considera gas ideal</td></tr>
<tr><td>Datos</td><td colspan="5" align="center">Tabla de gases ideales del libro: Termodinámica - Bhattacharjee</td></tr>
<tr><td>P (kPa)</td><td>101.325</td><td></td><td></td><td></td><td></td></tr>
<tr><td>T (°C)</td><td>25</td><td></td><td></td><td></td><td></td></tr>
<tr><td>v (m³/kg)</td><td>0.873337478</td><td></td><td></td><td></td><td></td></tr>
<tr><td>h (kJ/mol)</td><td>0</td><td>0</td><td>kJ/kg K</td><td></td><td></td></tr>
<tr><td>s (kJ/mol K)</td><td>191.502</td><td>6839.357143</td><td>kJ/kg K</td><td></td><td></td></tr>
<tr><td colspan="6" align="center">Estado 2 (MEZCLA N2+O2 gas)</td></tr>
<tr><td>Consideración</td><td colspan="5" align="center">Sale a 1450°C =T2</td></tr>
<tr><td>Datos</td><td colspan="5" align="center">s y h son de la mezcla</td></tr>
<tr><td>P (kPa)</td><td>101.325</td><td>ṁN₂ (L/h)</td><td>302.4</td><td>nN₂ (mol/s)</td><td>3</td></tr>
<tr><td>T (°C)</td><td>1450</td><td>ṁN₂ (g/s)</td><td>84</td><td>nO₂ (mol)</td><td>0.5</td></tr>
<tr><td>v(m³/kg)</td><td>4.948904656</td><td>ṁMn₂O₃ (g/s)</td><td>157.87</td><td>nMn₂O₃ (mol/s)</td><td>1</td></tr>
<tr><td>hN₂(kJ/kg)</td><td>1651.773839</td><td>ṁo₂ (g/s)</td><td>16</td><td>yN₂(%)</td><td>0.857142857</td></tr>
<tr><td>hO₂(kJ/kg)</td><td>1797.214531</td><td>MMn₂O₃ (g/mol)</td><td>157.86</td><td>yO₂(%)</td><td>0.142857143</td></tr>
<tr><td>hm (kJ/kg)</td><td>1675.04435</td><td>MN₂ (g/mol)</td><td>28</td><td>xN₂(%)</td><td>0.84</td></tr>
<tr><td>sN₂ (kJ/kg K)</td><td>8.808735714</td><td>MO₂ (g/mol)</td><td>32</td><td>xO₂(%)</td><td>0.16</td></tr>
<tr><td>sO₂ (kJ/kg K)</td><td>8.221021875</td><td></td><td></td><td></td><td></td></tr>
<tr><td>sm (kJ/kg K)</td><td>8.7147015</td><td></td><td></td><td></td><td></td></tr>
</table>

<table>
<tr><td colspan="6" align="center">2nda etapa: Reacción de oxidación</td></tr>
<tr><td colspan="6" align="center">Estado 3 (NaOH líquido)</td></tr>
<tr><td>Consideración</td><td colspan="5" align="center">Entra al reactor a T_amb y esta no debe ser menor de 20 °C ya que se solidifica</td></tr>
<tr><td>Datos</td><td colspan="5" align="center">HSC 6.0</td></tr>
<tr><td>P (kPa)</td><td>101.325</td><td></td><td></td><td>Densidad kg/m3 100%</td><td>1986</td></tr>
<tr><td>T (°C)</td><td>322.85</td><td></td><td></td><td>v (m3/kg)</td><td>0.000503525</td></tr>
<tr><td>h (kJ/mol)</td><td>-392.908</td><td>-9822.7</td><td>kJ/kg</td><td></td><td></td></tr>
<tr><td>s (kJ /mol K)</td><td>137.187</td><td>3429.675</td><td>kJ/kg K</td><td></td><td></td></tr>
<tr><td colspan="6" align="center">Estado 4 (MEZCLA N₂+H₂ gas)</td></tr>
<tr><td>Consideración</td><td colspan="5" align="center">Sale a 1450°C =T1=T2</td></tr>
<tr><td>Datos</td><td colspan="5" align="center">s y h son de la mezcla</td></tr>
<tr><td>P (kPa)</td><td>101.325</td><td>ṁN₂ (L/h)</td><td>302.4</td><td>MMn₂O₃ (g/mol)</td><td>157.87</td></tr>
<tr><td>T (°C)</td><td>1450</td><td>ṁN₂ (g/s)</td><td>84</td><td>MMnO (g/mol)</td><td>70.94</td></tr>
</table>

v(m³/kg)	6.575394155	ṁMn$_2$O$_3$ (g/s)	157.87	MNaOH(g/mol)	40
hN$_2$(kJ/kg)	1092.348482	ṁMnO (g/s)	141.88	MNaMnO$_2$ (g/mol)	109.92
hH$_2$(kJ/kg)	18618.7754	ṁNaOH (g/s)	80	nN$_2$ (mol/s)	3
hm (kJ/kg)	1503.124113	ṁH$_2$ (g/s)	2.016	nH$_2$ (mol/s)	1
sN$_2$ (kJ/kg K)	8.432800714	ṁNaMnO$_2$ (g/s)	219.84	nMnO (mol/s)	2
sH$_2$ (kJ/kg K)	86.0702381	MN$_2$ (g/mol)	28	nNaOH (mol/s)	2
sm (kJ/kg K)	10.25242815	MH$_2$ (g/mol)	2.016	nNaMnO2 (mol/s)	2
nMn$_2$O$_3$(mol/s)	1				
yN$_2$(%)	0.75				
yH$_2$(%)	0.25				
xN$_2$(%)	0.9765625				
xH$_2$(%)	0.0234375				

3era etapa: Recuperación de reactivo			
Estado 5 (H$_2$O líquido)			
Consideración	Entra a un calentador adiabático a 25°C y no hay pérdidas de calor		
Datos	Complemento de excel: thermotables		
P (kPa)	101.325	nH$_2$O (mol)	4.000
T (°C)	25	ṁH$_2$ (g)	72.060
		MH$_2$O(g)	18.015
Estado 6 (H$_2$O líquido)			
Consideración	Sale del calentador a 80°C		
Datos	Complemento de excel: thermotables		
P (kPa)	101.325	nH$_2$O (mol)	4.000
T (°C)	80	ṁH$_2$ (g)	72.060
		MH$_2$O(g)	18.015
Estado 7 (NaOH líquido)			
Consideración	Entra al reactor a Tamb y esta no debe ser menor de 20 °C ya que se solidifica		
Datos	HSC 6.0		
P (kPa)	101.325		
T (°C)	25		
h (kJ/kg)	-417.123		
s (kJ/kg K)	75.5		

Qheating reactants(Mn$_2$O$_3$/MnO)		
nMn$_2$O$_3$	1	mol/s
C$_p$Mn$_2$O$_3$* ΔT(750-25)	87974.36	[J/mol K]
nMn$_3$O$_4$	0.666666667	mol/s

CpMn₃O₄ * ΔT(1450-750)	144588.01	[J/mol K]
	184.36	kW

Q heating N₂		
nN₂	3	mol
hN₂@25	0	J/mol
hN₂@1450	45839.755	J/mol
	137.52	kW

Q reaction Mn₂O₃/MnO					
ΔH@750°C Mn₂O₃ --> Mn₃O₄			ΔH@1450°C Mn₃O₄ --> MnO		
T[°C]	1023.15		T[°C]	1723.15	
ΔHf₍Mn2O3₎ [kJ/mol]	-959		ΔHf₍Mn3O4₎ [kJ/mol]	-1387.799	
A	103.47		A	146.632	J/K mol
B	35.062	0.035062	B	48.501	0.048501
C	-13.514	-0.00013514	C	-18.292	-0.00018292
D	0		D	0	
T[°C]	1023.15		T[°C]	1723.15	
ΔHf₍Mn3O4₎ [kJ/mol]	-1387.799		ΔHf₍MnO₎[kJ/mol]	-385.221	
A [J/K mol]	146.632	J/K mol	A [J/K mol]	42.133	
B	48.501	0.048501	B	16.956	0.016956
C	-18.292	-0.00018292	C	-2.409	-0.00002409
D	0		D	-4.206	-0.000004206
ΔHrxn,298.15 [kJ]	33.8006667		ΔHrxn,298.15 [kJ]	154.757333	
J/mol	33800.6667		J/mol	154757.333	
ΔCprxn	-5449.95		ΔCprxn	-18968.3	
ΔHrxn,1023.15 [J]	28350.7167		ΔHrxn,1723.15 [J]	135789.033	
kJ	28.3507167		kJ	135.789033	
		164.13975	kW		

Qreactor	
486.03	kW

η₍abs₎(Eficiencia de absorción)		
T reactor	1723.15	
Σ	5.67E-11	kW/m²K⁴
I (Irradiación solar normal directa)	1	kW/m2
C	18000	soles

	0.972228273	

Q solar		
	499.90871	kW

η solar to fuel		
HHV@H2	286	kJ/mol
Qsolar	499.90871	kJ
Nh2	1	mol
0.572104455		

Energía solar disponible para el funcionamiento del Horno Solar de Alta temperatura (HOSIER) en Temixco, México												
Coordenadas	**Altitud**		18.839076		**Longitud**		-99.235479					
Mes	Ene	Feb	Mar	Abr	May	Jun	Jul	Ago	Sep	Oct	Nov	Dic
Horas Luz	11.15	11.55	12.03	12.57	13.02	13.23	13.15	12.77	12.27	11.73	11.27	11.03
Irradiación normal directa máx. [kWh/m²/día]	8.74	9.16	9.58	8.56	7.58	6.45	6.85	6.52	5.67	7.39	8.07	8.14
Horas luz con irradiancia normal directa, mayor a 700 w/m² [hr]	6	6	6	4	2	4	4	4	3	3	4	5
Días del mes	31	28	31	30	31	30	31	31	30	31	30	31
Irradiación máx. recibida [kWh/m²/mes]	270.94	256.48	296.98	256.8	234.98	193.5	212.35	202.12	170.1	229.09	242.1	252.34

Irradiación máxima recibida [kWh/m²/año]	2817.78

Producción de H2 en HOSIER												
Mes	Ene	Feb	Mar	Abr	May	Jun	Jul	Ago	Sep	Oct	Nov	Dic
ṁH₂ producido [kg/día]	0.012	0.012	0.012	0.008	0.004	0.008	0.008	0.008	0.006	0.006	0.008	0.010
Días de mes	31	28	31	30	31	30	31	31	30	31	30	31
ṁH₂ producido [kg/mes]	0.37	0.34	0.37	0.24	0.12	0.24	0.25	0.25	0.18	0.19	0.24	0.31

ṁH₂ producido [kg/año]	3.120

Equivalencias								
H₂ producido	Energía	Energía	H₂ Gas	H₂ Líquido	Gasolina	Gasóleo	Metanol	Movilidad
kg	kWh	MJ	Nm3	Litros	Litros	Litros	Litros	km
3.12	104.01	374.49	34.70	44.06	11.81	10.40	18.99	312.08

Hoja de cálculo para la estimación de la producción de hidrógeno con el ciclo termoquímico $CeO_2/CeO_{2-\delta}$

1era etapa: Reacción de reducción					
Estado 5a (MEZCLA N2+O2 gas)					
Consideración	Sale a 1500°C				
Datos	s y h son de la mezcla				
P (kPa)	1.01E-03	$\dot{m}CeO_2$(g/s)	3107.550654	$nCeO_2$ (mol/s)	18.161
T (°C)	1500	$\dot{m}CeO_{2-x}$(g/s)	3089.37	$nCeO_{2-x}$ (mol/s)	18.161
$v(m^3/kg)$	5.19643E+11	$\dot{m}N_2$ (g/s)	2800000.000	nN_2(mol/s)	100000.000
hN_2(kJ/kg)	1715.196	$\dot{m}O_2$ (g/s)	16.094	nO_2 (mol/s)	0.503
hO_2(kJ/kg)	1855.339	$MCeO_2$(g/mol)	172.11	yN_2(%)	0.99999
hm (kJ/kg)	1715.196	$MCeO_{2-x}$ (g/mol)	171.11	yO_2(%)	5.03E-6
sN_2 (kJ/kg K)	8.845	MN_2 (g/mol)	28	xN_2(%)	0.99999
sO_2 (kJ/kg K)	8.254	MO_2 (g/mol)	32	xO_2(%)	5.75E-6
sm (kJ/kg K)	8.845				

2nda etapa: Reacción de oxidación

Estado 3m (MEZCLA N2+H2O vapor)					
Consideración	Entran ambos gases a una cámara de mezclado				
Datos	s y h son de la mezcla				
$\dot{m}N_2$ (g/s)	2800000.0	PH_2O (kPa)	6.51E-04	nN_2(mol/s)	100000.0
$\dot{m}H_2O$ (g/s)	18.000	PN_2 (kPa)	101.324	nH_2O (mol/s)	1.0000
xN_2(%)	0.99999	Ptotal (kPa)	101.325	hN_2(kJ/kg)	52.036
xH_2O(%)	6.429E-6	TH_2O (°C)	120	hH_2O(kJ/kg)	643.861
P2b [kPa]	101.325	TN_2 (°C)	75	hm (kJ/kg)	52.039
P2a1 [kPa]	101.325	Ttotal (°C)	75.001	sN_2 (kJ/kg K)	7.001
CvN_2 [kJ/kg K]	0.743	$vH_2O(m^3)$	2.86E-02	sH_2O (kJ/kg K)	10.774
CvH_2O [kJ/kg K]	1.411	$vN_2(m^3)$	2856.834	sm (kJ/kg K)	7.001
Ru[kJ/kmol K]	8.314	vtotal (m^3/kg)	1.020		

Estado 4m (MEZCLA N2+H2O vapor)					
Consideración	La mezcla entra a un precalentador				
Datos	La presión no varía, solo la temperatura aumenta de T3m hasta los 120°C				
T4m [°C]	120	MN_2 (g/mol)	28	$h4m\_H_2O$[kJ/kg]	728.985
P4m [kPa]	101.325	MH_2O (g/mol)	18	$h4m\_N_2$ [kJ/kg]	98.939

vH$_2$O(m^3)	3226.088	xN$_2$(%)	0.99999	h4m [kJ/kg]	98.943
vN$_2$(m^3)	0.032	xH$_2$O(%)	6.429E-06	s4m_H$_2$O [kJ/kg K]	11.004
v4m [m^3/kg]	1.152			s4m_n2 [kJ/kg K]	7.127
				s4m [kJ/kg K]	7.127

Estado 5m (MEZCLA H2+N2 gas)					
Consideración	Sale a 800°C del reactor				
Datos	s y h son de la mezcla				
P (kPa)	101.325	ṁCeO$_2$(g/s)	3107.550654	nCeO$_2$ (mol/s)	18.055
T (°C)	800	ṁCeO$_{2-x}$(g/s)	3089.37	nCeO$_{2-x}$ (mol/s)	18.055
v(m^3/kg)	3.145	ṁN$_2$ (g/s)	2800000.000	nN$_2$(mol/s)	100000.000
hN$_2$(kJ/kg)	852.379	ṁH$_2$O (g/s)	18.000	nH$_2$O (mol/s)	1
hH$_2$(kJ/kg)	15561.389	ṁH$_2$ (g/s)	2.0160	nH$_2$ (mol/s)	1
hm (kJ/kg)	852.390	MCeO$_2$(g/mol)	172.115	yN$_2$(%)	0.99999
sN$_2$ (kJ/kg K)	8.228	MCeO$_{2-x}$ (g/mol)	171.108	yH$_2$(%)	1E-05
sH$_2$ (kJ/kg K)	83.457	MN$_2$ (g/mol)	28	xN$_2$(%)	0.999999
sm (kJ/kg K)	8.228	MH$_2$ (g/mol)	2.016	xH$_2$(%)	7.2E-07
		MH$_2$O (g/mol)	18		

Qheating reactants(CeO$_2$/CeO$_{1.94}$)		
nCeO2	18.161	mol/s
CpCeO2* ΔT(1500-25)	144588.01	[J/mol]
2625.912		kW
Q heating N$_2$		
nN2	100,000.00	mol/s
hN2@120°C	2,770.30	J/mol
hN2@1500°C	48,025.48	J/mol
4,525,518.500		kW
Q reaction CeO$_2$/CeO$_{2-x}$		
ΔH@1500°C CeO$_2$--> CeO$_{2-x}$		
T[K]	1773.15	
ΔHfCeO$_2$ [kJ/mol]	-1090.4	
Cp(25-1500 °C)		
A	70.496	
B	9.484	0.009484
C	-10.396	-0.00010396
D	0	

T[K]	1773.15		
ΔHfCeO$_{2-x}$ [kJ/mol]	-1071.104		
Cp(25-1500 °C)			
A [J/K mol]	63.137	J/K mol	
B	17.95		0.01795
C	-5.189		-0.00005189
D	0		
ΔHrxn,298.15 [kJ]	19.296		
J/mol	19296		
ΔCprxn	98426.3	J/K mol	
ΔHrxn,1773.15 [J]	117,722.30		
kJ	117.7223		
117.722	kW		

Qreactor	
4,528,262.134	kW

ηabs(Eficiencia de absorción)		
T reactor	1773.15	K
σ	5.67E-11	kW/m^{2}K^4
I (Irradiación solar normal directa)	1	kW/m^2
C	18,000.00	soles
0.969		

Q solar	
4,673,795.359	kW

η solar to fuel		
HHV@H2	286	kJ/mol
Qsolar	4,673,795.36	kJ
Nh2	1	mol
6.12E-03		%

123

Energía solar disponible para el funcionamiento del Horno Solar de Alta temperatura (HOSIER) en Temixco, México													
Coordenadas	**Alt**	18.839 076	**Lon**	-99.235479									
Mes	Ene	Feb	Mar	Abr	May	Jun	Jul	Agt	Sep	Oct	Nov	Dic
Horas Luz	11.15	11.55	12.03	12.57	13.02	13.23	13.15	12.77	12.27	11.73	11.27	11.03
Irradiación normal directa máx. [kWh/m^2/día]	8.74	9.16	9.58	8.56	7.58	6.45	6.85	6.52	5.67	7.39	8.07	8.14
Horas luz con I_dir_Avg > 700 W/m2 [hr]	6	6	6	4	2	4	4	4	3	3	4	5
Días del mes	31	28	31	30	31	30	31	31	30	31	30	31
Irradiación máx. recibida [kWh/m2/mes]	270.94	256.48	296.98	256.8	234.98	193.5	212.35	202.12	170.1	229.0	242.1	252.3
							Irradiación máxima recibida [kWh/m^2/año]						2817.7

Producción de H$_2$ en HOSIER													
Mes	Ene	Feb	Mar	Abr	May	Jun	Jul	Agt	Sep	Oct	Nov	Dic
$\dot{m}$H$_2$ producido [kg/día]	0.012	0.012	0.012	0.008	0.004	0.008	0.008	0.008	0.006	0.006	0.008	0.01
Días de mes	31	28	31	30	31	30	31	31	30	31	30	31
$\dot{m}$H2 producido [kg/mes]	0.375	0.339	0.375	0.242	0.125	0.242	0.250	0.250	0.18	0.19	0.24	0.31
								$\dot{m}$H$_2$ producido [kg/año]					3.12

Equivalencias								
H$_2$ producido	Energía	Energía	H$_2$ Gas	H$_2$ Líquido	Gasolina	Gasóleo	Metanol	Movilidad
kg	kWh	MJ	Nm^3	Litros	Litros	Litros	Litros	km
3.12	104.02	374.49	34.70	44.06	11.81	10.40	18.99	312.08

I want morebooks!

Buy your books fast and straightforward online - at one of world's fastest growing online book stores! Environmentally sound due to Print-on-Demand technologies.

Buy your books online at
www.morebooks.shop

¡Compre sus libros rápido y directo en internet, en una de las librerías en línea con mayor crecimiento en el mundo! Producción que protege el medio ambiente a través de las tecnologías de impresión bajo demanda.

Compre sus libros online en
www.morebooks.shop

Printed by Books on Demand GmbH, Norderstedt / Germany